身边的化工

杨元一　主编

中国化工学会　常州大学　中国化工博物馆　组织编写

化学工业出版社

·北京·

化工产品与大众生活息息相关，但它们被“日用而不知”，影响着公众对化学工业的理解和认识。本书围绕衣、食、住、行、用，从化工打造美丽衣橱、化工带来营养健康、化工筑造美好家园、化工带我们去远方、化工创造舒适方便的好日子、化工热点事件等角度去揭秘我们身边的化工，希望普通民众能够对化工有正确的认识，避免谈化色变。

图书在版编目（CIP）数据

身边的化工/杨元一主编；中国化工学会，常州大学，中国化工博物馆组织编写．—北京：化学工业出版社，2018.9（2023.4 重印）

ISBN 978-7-122-32935-6

Ⅰ.①身… Ⅱ.①杨…②中…③常…④中… Ⅲ.①化学工业－普及读物 Ⅳ.①TQ-49

中国版本图书馆CIP数据核字（2018）第200856号

责任编辑：赵卫娟　仇志刚　段志兵　　装帧设计：韩　飞

责任校对：宋　夏

出版发行：化学工业出版社（北京市东城区青年湖南街13号　邮政编码100011）

印　　装：北京虎彩文化传播有限公司

710mm×1000mm　1/16　印张$13^1/_4$　字数187千字　2023年4月北京第1版第6次印刷

购书咨询：010-64518888　售后服务：010-64518899

网　　址：http://www.cip.com.cn

凡购买本书，如有缺损质量问题，本社销售中心负责调换。

定　　价：88.00元

《身边的化工》
编写委员会

前 言

PREFACE

化工产品是现代社会中与大众生活关系最密切的用品之一，开车用的汽油、制衣用的化学纤维、洗涤用的肥皂和洗衣液等，都是化学加工的产品。但它们被社会大众“日用而不知”，影响着公众对化学工业的理解和认识。作为化工学术团体，中国化工学会有责任、有义务开展化工的科普工作，成为化学工业和社会大众沟通的桥梁。2013年7月，在中国科协科普部的介绍下，中国化工学会一行到中国核学会调研和学习科普书籍的编写工作。2014年1月，学会高级顾问洪定一教授主笔拟定了科普书的框架目录。2015年，学会和常州大学合作，开启了编撰工作，时任常州大学副校长陈群带领徐淑玲、黄泽恩、李忠玉、王燕、薛冰、林富荣、李丽娟、陶永新、丁永红、黄险峰、宋国强、洪定一、陈海群、戴文、王车礼等编写了翔实的内容，2015年11月完成初稿。但讨论下来，认为内容还是偏于专业，不太适合作为科普读物。

2016年，由中国化工报社、中国化工学会、化学工业出版社、中国化工博物馆、北京化工大学、中国化学会等六家单位联合成立了“中国石油和化工科普联盟”，逐渐凝聚了行业内外致力于化工科普的人才。2016年7月，学会的宫艳玲同志组织了原《信息早报》主编王晓雪、原《化工新材料》主编林莉、《化工年鉴》副主编陈玉、中国化工报主任记者李东周、化学工业出版社编辑段志兵、原中石化北京化工研究院教授级高工金滟等多位编写人员，以化工产品的衣、食、住、行、用为主线，和学会其他同志一起反复讨论，重新拟定了《身边的化工》科普书的定位和架构，并参考原有素材撰写了内容。2018年，杨元一、张薇、张颖教授对全书进行了统审，删减和补充了一部分内容，并在图片选用上得到中国化工博物馆的大力支持，学会内部多人参与了工作。

《身边的化工》一书以化工产品在生活中的应用为重点，采用科普的话题和形式，描述化工产品概况，展现化工领域科技创新在人民美好生活中的重要作用。同时也从专业角度客观解读了近年来社会高度关注的安全环保事件，如PX、雾霾、天津港爆炸等。

希望本书能帮助广大读者认识化工、了解化工。本书在编撰中难免存在不足，真诚希望读者对我们的工作提出宝贵意见与建议（中国化工学会邮箱：gongyl@ciesc.cn），我们将继续努力，为广大读者奉献更多更好的化工科普作品。

杨元一

2018年8月

目 录

CONTENTS

第 2 章　食：化工带来营养健康 / 37

第 4 章　行：化工带我们去远方 / 113

第1章
衣：化工打造美丽衣橱

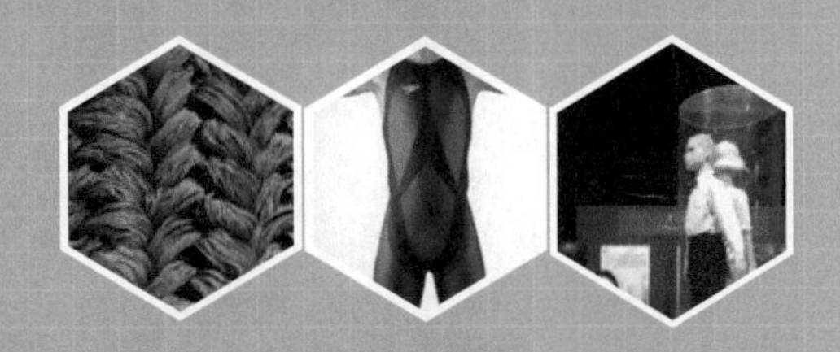

衣服可以为我们挡风遮雨，抵御寒冷，遮挡烈日……每个人每天都要穿衣服。站在大街上，行人们穿着各异的服装，五光十色。翻翻你衣橱里每件衣服的吊牌，面料种类繁多：纯棉、亚麻、真丝、氨纶、锦纶、竹纤维、莫代尔……那么，你想知道这些面料制作的服装有什么特点吗？从物质文明极端落后的原始人类用来御寒的草根树皮，到物质文明高速发展的今天，服装的质地、外形、分类、功能……都经历了什么样的变革与发展吗？快来看看服装的变迁故事吧。

第1节 穿衣：从遮羞布到魅力化身

服装面料有纯棉的，也有化纤的。纯棉的就是由棉花纤维制作而成；化纤的可就多了，就是那些叫作丙纶、腈纶、氨纶、涤纶等的材料。化纤材料的生产可是化学工业中一个重要的分支呢。就拿的确良这种面料讲，四十多年前谁要是能穿上一套的确良衣服，那就是最时髦的时装了，风光得很呢。

中国科技馆的科技与生活展厅中，有一个《不同来源的衣料》的展台，两个少年模特脚下有一些拴着的布条，上面注明了丙纶、氨纶、腈纶等，每天都吸引着参观者看来看去、摸来摸去、比来比去。

1. 的确良的发明——从素面朝天到色彩斑斓

服装的变迁

人类从最初的树叶裹体，进化到用麻，再到用粗棉等天然面料制成服装。在20世纪50年代，流行的服装是花布棉袄、列宁装，当时人们穿的盖的都是粗棉制品。从色彩上看，也是暗色系一统天下，无论男女老少，服装都是以灰蓝军绿为主，人们都素面朝天。到了20世纪70年代中期，为了腾出棉花用地，增加粮食和蔬菜种植土地，在1976～1979年，中国引进了4套进口化纤设备，引发了国人在“穿衣”上的革命。最先变化的，便是人们身上服装的面料和色彩。

“的确良”受到大众的追捧

随着上海石油化工总厂、辽阳石油化纤总厂、四川维尼纶厂和天津石油化纤厂“四大化纤”在1978～1982年全部投产，我国开始大量生产涤纶，由其纺织制成的“的确良”面料，挺阔不皱、滑爽细腻、结实耐用、色彩鲜亮、易洗不褪色，很快被大众所追捧，“的确良”服装迅速风靡中国，成为人们普遍接受和喜爱的大众纺织品。人人以拥有一件“的确良”衬衫为荣。“的确良”面料的服装在当时算得上是一件时髦洋气的时装了，被视为珍稀之宝，不是特别重要的场合是舍不得穿的。当年毛主席外出巡游，在火车上问一个年

青年男女穿的确良的照片

轻列车员的愿望是什么，她说想要一件的确良衬衫。这种当年一般老百姓的愿望，现在的人们听了不可想象吧？

所以说，服装是一种记忆，也是一个国家、一个时代最为鲜活生动的形象记录，而服装的流行很大程度上就是衣服面料的流行。从中华人民共和国成立初期“人民衣被甚少”的供给制，到今天的纺织服装大国；从“蓝衫军”的清一色，到五颜六色的时装发布；从化学纤维生产的空白，到如今全球领先……抚今追昔，我们可以在衣衫面料的摇曳变迁中，感受中国纺织工业翻天覆地的变化，触摸岁月行云流水般的变幻。

2. 你穿的衣服到底是什么

服装面料分两大类：天然纤维和化学纤维。天然纤维，如纯棉、桑蚕丝，大家都非常好理解它们是怎么来的。而化纤原料又是什么呢？它们又是怎么来的呢？我们先用一张表来看一下服装面料到底是怎么分类的吧。

<table>
<tr><td rowspan="5">服用纤维分类</td><td rowspan="5">天然纤维</td><td rowspan="2">植物纤维（纤维素纤维）</td><td>种子纤维</td><td>棉，木棉</td></tr>
<tr><td>韧皮纤维</td><td>亚麻、苎麻、大麻、罗布麻等</td></tr>
<tr><td rowspan="2">动物纤维（蛋白质纤维）</td><td>动物毛</td><td>绵羊毛、山羊绒、马海毛、兔毛、骆驼毛等</td></tr>
<tr><td>腺分泌物</td><td>桑蚕丝、柞蚕丝等</td></tr>
<tr><td>矿物纤维</td><td>石棉</td><td></td></tr>
</table>

续表

服用纤维分类	化学纤维	人造纤维（再生纤维）	人造纤维素纤维	黏胶纤维、铜氨纤维、富强纤维、醋酯纤维、Lyocell（莱赛尔）纤维、竹纤维、莫代尔
		合成纤维	聚酯纤维	涤纶
			聚丙烯腈纤维	腈纶
			聚乙烯醇纤维	维纶
			聚酰胺纤维	锦纶（尼龙）
			聚丙烯纤维	丙纶
			聚氨基甲酸酯纤维	氨纶

看了这张表，大家快来对号入座，看看你身上穿的衣服到底是什么面料。

3. 浑然古朴的天然纤维

天然纤维是大自然为人类提供的衣料纤维，它包含三个小类。

植物纤维（纤维素纤维） 麻、棉（棉花）、果实纤维等。

动物纤维(蛋白质纤维) 动物毛（绵羊毛、山羊绒、马海毛、兔毛等）和腺分泌物（蚕丝、蜘蛛丝等）。

矿物纤维 石棉。

天然纤维受耕地面积、气候条件、产量、性能等限制。在我国没有引进化纤生产装置前，仅靠天然纤维制作的服装满足不了人们穿衣需求，所以常年实行布票供应，限制人均用布量。

★布票：1953年，由于棉粮业物资短缺，全国实行计划经济，凭票购物。布票是中国供城乡人口购买布匹或布制品的一种票证，布票是商品短缺形势下的产物。当年买布料要凭布票，一张小小的布票，悄然影响着人们实用主义的审美观，“新三年，旧三年，缝缝补补又三年”是人们的穿衣习惯，直到1984年12月1日才不再发放布票。

4. 巧夺天工的化学纤维

化学纤维的发现极大地方便了人们的生活。面料商们制造出了富有弹性的泳衣和内衣裤面料、肥胖人群所穿着的高弹衣服、消防人员所穿的防阻燃衣服以及警察穿着的荧光色背心面料。

（1）人造纤维

人造纤维是用某些线型天然高分子化合物或其衍生物做原料，直接溶解于溶剂或制备成衍生物后用溶剂溶解，之后再经纺丝加工制得的多种化学纤维的统称。竹子、木材、甘蔗渣、棉籽绒等都是制造人造纤维的原料。人造纤维可用于制作衣着用品和室内装饰用品，还可用于制作轮胎帘子线、香烟过滤嘴等。

根据人造纤维的形状和用途，分为人造丝、人造棉和人造毛三种。重要品种有黏胶纤维、醋酸纤维、铜氨纤维等。具体又可分为：再生纤维素纤维、纤维素酯纤维、蛋白质纤维和其他天然高分子物纤维。其性能与合成纤维相比，纤维强度稍低，吸湿性好，染色比较容易。

（2）合成纤维

涤纶　聚酯纤维，又称特丽纶，国外又称为“达克纶”。当它在香港市场上出现时，人们根据广东话把它译为“的确良”或“的确凉”，大意为“确实凉快”，“的确良”可是当时中国家喻户晓的名字哟。

涤纶是三大合成纤维中工艺最简单的一种，价格也比较便宜，再加上它具有结实耐用、弹性好、不易变形、耐腐蚀、绝缘、挺括、易洗快干等特点，为人们所喜爱，大量用于制造衣着面料和工业制品。

腈纶　聚丙烯腈纤维，国外也称为“开司米纶”。因其性能极似羊毛，有“人造羊毛”之称。其特点是：弹性较好，蓬松卷曲而柔软，保暖性比羊毛高15%，强度比羊毛高1～2.5倍；耐晒性能优良，露天曝晒一年，强度仅下降20%；能耐酸、耐氧化剂和一般有机溶剂，但耐碱性较差；抗菌、不霉不蛀；耐磨性稍差。根据不同用途的要求可纯纺或与天然纤维混纺，其纺织品被广泛地用于服装、装饰、产业等领域。

维纶　聚乙烯醇缩甲醛纤维的商品名称，也叫维尼纶。其性能接近棉花，有“合成棉花”之称，是现有合成纤维中吸湿性最大的品种，吸湿率约为4.5%，接近于棉花（8%）。强度稍高于棉花，比羊毛高很多，比锦纶、涤纶差，化学稳定性好，耐日光性与耐气候性也很好，弹性较差，织物易起皱，染色性较差，色泽不鲜艳，不易霉蛀，在日光下曝晒强度损失不大。

锦纶　聚酰胺纤维，发明于1935年2月28日，1938年美国杜邦公司将之以尼龙（Nylon）命名。一般在用作塑料时多称作尼龙，而在用作合成纤维时多称作锦纶。尼龙纤维具有优良的耐磨性，在常见纺织纤维中居首位；强度高，弹性好，耐疲劳性居各纤维之首；吸湿性和通透性较差，质量轻，不易定型；耐热、耐光性较差，久晒泛黄，强度会下降。

丙纶　聚丙烯纤维的商品名。丙纶的密度小，不吸湿，对酸、碱有良好抵抗力，强度中等，耐磨和耐弯曲，而且最重要的是在合成纤维中其价格最便宜。丙纶广泛用于做渔网、线绳、地毯包装袋布等，用于衣着原料时可以纯纺或与黏胶混纺。

氨纶　聚氨基甲酸酯纤维，简称聚氨酯纤维，俗称弹性纤维，在我国称为“氨纶”。最著名的商品名称是美国杜邦公司生产的莱卡(Lycra)纤维。一般与其他纤维一起纺成包芯纱或与其他纱线捻合在一起使用。它具有高弹性、高伸长、高恢复性的特点，能够拉长6～7倍，但随张力的消失能迅速恢复到初始状态。有良好的耐气候性，耐酸碱性，耐磨性较好。氨纶制成的服装，穿着舒适，能适应身体各部分变形的需要，并能减轻服装对身体的束缚感，可用于制造各种内衣、游泳衣、紧身衣、牛仔裤、运动服、带类的弹性部分等。

5. 杜邦发明尼龙，从此有了“丝袜的诱惑”

1930年，杜邦研究人员阿诺德·科林斯和华莱士·卡罗瑟斯发明了一种通用合成橡胶——氯丁橡胶。两周后，研究人员朱利安·希尔首次发明了一种合成纤维，这种纤维成为尼龙的前身。

1935年，研究人员杰拉尔德·伯切特和华莱士·卡罗瑟斯发明了尼龙，一种新的“合成真丝”。经过多年紧张的开发，终于在1939年纽约世界博览会上向公众展示了尼龙。1940年5月5日，杜邦公司生产的第一批尼龙丝袜上市，7.2万双丝袜在一天内被抢购一空，美国女性为之疯狂。

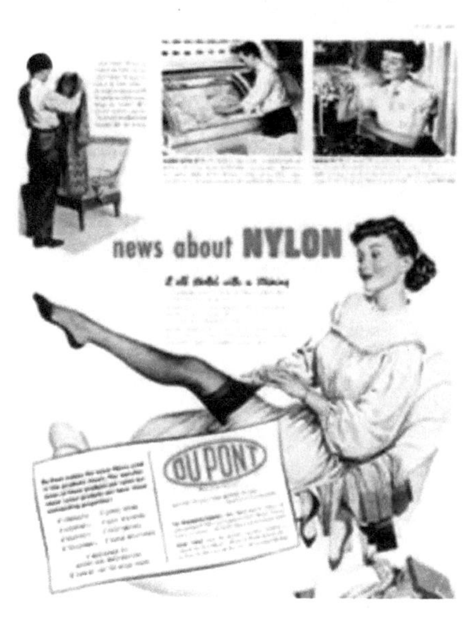

1946年，由于战争而中断了尼龙的生产，战后当百货店又开始销售这种光滑的长筒袜时，女士们为了购买它们而排起了长队，几乎到了疯狂的程度。

尼龙长袜的诞生，让广大平民阶级的女性有资格追逐美丽。长袜也从上流社会的身份标识逐渐转变为身份平等的象征。

6. 莱卡纤维，让穿着更舒适

莱卡的发明

杜邦科学家于1958年发明莱卡纤维，并以“LYCRA®(莱卡®)”作为品牌名称，学名是“氨纶纤维”。与传统的棉线相比，氨纶最大的特点就是具有卓越的延展性和回复性，莱卡可拉伸至4 ～ 7倍的原始长度，并可回复原样，周而复始。莱卡纤维不能单独使用，但是它能配合其他任何纤维混纺使用，并具有良好的拉伸性和优异的回复力，可显著改善面料特性。

莱卡纤维发明之初，是用于替代紧身衣中的橡胶成分，此前，消费者不得不忍受服饰面料松弛或紧绷缠裹的困扰。莱卡纤维诞生后，为舒适、合身、活动自如、持久保型带来了全新定义，被誉为“20世纪服装创新最伟大发明之一”。

莱卡掀起穿衣革命

自20世纪60年代，凡莱卡纤维可及之处，皆掀起一场全新的穿衣革命，并在体育用品市场占据了重要的地位，逐渐影响着大众的穿衣理念：它把原本厚重、易松垂的泳衣变得轻薄、贴身、易透气，更为创造比基尼奠定契机。含莱卡纤维的紧身裤袜与紧身牛仔成为当年流行时尚的标志性装束，现在已使牛仔服装具有四向弹力。含有莱卡纤维的针织内衣，因其细密薄滑的质感、极好的弹性和回复性，把“第二肌肤”这一美誉演绎得淋漓尽致，受到广大妇女追捧。用融入高科技莱卡纤维制成的运动短裤，可帮助减轻运动员的肌肉疲劳。掺有莱卡纤维的改良衬衫面料，在保型的同时更添加了适度弹性……

总之，莱卡纤维通过服装传递情感，使每一个喜爱她的人找到一种全新表达自我、彰显个性魅力的平衡。同时，也体现了一种健康时尚的生活，莱卡纤维给予人们的回报远远超出了穿衣的内涵。

7. 不要穿化纤衣物进入油库

在油库中贴出的标识，你知道为什么吗？

我们知道，几乎所有的化学纤维都是高分子物质，由于其分子最外层电

子的束缚力较弱，很容易在相互摩擦等运动时产生电子的得失，出现放电的现象，从而出现“静电火花”。我们在晚间把穿在身上的腈纶衫脱下来的时候往往可以看到火花，并听到“啪啪”的响声。一般在白天，因为这种火花比自然光要弱，人们不易发现。

当油库的空气中含有很高浓度的可燃性油分子时，尤其是已经达到可爆燃点时，那么由衣服摩擦所产生的静电火花，就可能使之点燃，甚至引起爆炸。所以，出入油库的工作人员是禁止穿化纤织物服装的。

此外，值得一提的是，粉尘也容易引起爆炸，因此在粉尘浓度很高的库房、车间等地，也不宜穿着化纤类衣服出入和作业。

★小常识　当身上穿毛衣等化纤衣物较多时，易产生静电。那么自助加油时，应先触碰金属物体，如车门、油枪等，有效释放静电后再加油。

8. 化学工业与纺织工业是一回事儿吗？

我们经常听说的化学工业与纺织工业，它们是一回事吗？它们有什么关系呢？

化学工业的主要产品就是合成材料，如塑料和合成纤维今天在人民生活中无处不在，是最普通的东西。纺织工业是生产加工人造纤维、合成纤维和棉纤维的行业。人造纤维的生产需要化学工业提供硫酸、烧碱等配套原料。合成纤维主要有尼龙、涤纶、腈纶、维纶和丙纶，生产的原料和单体都是化工产品。

如果我们身上穿的是皮夹克、皮大衣，这就又和皮革工业联系上了。从生皮到成品革，每一个工序都需要化学品，如鞣剂、染料、涂饰剂和其他助

剂。所以说，化学工业是其他行业的基础。

第2节　染料——织就色彩缤纷的服饰，让世界丰富多彩

通过上面对各种“纶”字材料的介绍，我们知道了原来我们身上穿的衣服材料分门别类的有这么多种。其实，衣服原料不仅种类多，衣料上的颜色还有好多神奇的故事呢。通常把衣物纤维浸入一定温度下的染料水溶液中，染料就从水相向纤维中移动，这种染料浸入到纤维中的现象，就称为染色。也就是说，让衣料有丰富多彩颜色的功臣是染料。

1. 染料的变迁历程

（1）染料的分类

染料是能够使一定颜色附着在纤维上的物质，且不易脱落、变色。染料分天然染料和合成染料两大类。天然染料包括矿物、动物与植物染料三类。合成染料（又称人造染料）一般按染料结构和应用性质分类。按照染料共轭发色体的结构特征分类：偶氮染料、蒽醌染料、芳甲烷染料、靛族染料、硫化染料、酞菁染料、硝基和亚硝基染料等。按照应用分类：直接染料、酸性染料、阳离子染料、活性染料、还原染料、硫化染料、缩聚染料、不溶性偶氮染料（冰染料）、分散染料、荧光增白剂等。

（2）天然染料的发展历程

古代采用天然物质作染料。天然染料一般有植物类染料，如树木、草本植物、花卉、水果、中药、茶叶等；矿物类染料，如朱砂、赭石、石青等；动物染料，如胭脂虫，紫胶虫、墨鱼汁等。天然染料以植物染料为最多，用途也最为普遍。树皮、树根、枝叶、果实、果壳；花卉的鲜花、干花、花叶、花果；水果的外皮、果实、果汁等都可以用来染色。

染色是从泥染与炭灰开始的。当人们还是穿着兽皮，在河边活动时，和上了河里的泥巴。泥巴中的矿物质就附着在兽皮上，不容易掉色；泥巴的

手工大染坊

颜色不同，染的色彩也不同。所谓的炭染就是用煮食后所剩余的黑色木炭涂抹，当时这就是最好的染料了。虽然这些染料的坚牢度都不是很高，拍拍就会掉落，但是取材容易，只要再涂染一次即可。这时染的概念还没成熟，只是一种涂抹的累积性着色方法。这些用来涂抹上色的染料有矿物性或动物性的，大部分是以植物性染料来染成的。

中国是最早有纺织品、使用天然染料染色同时发展了染色工艺的国家。根据吴淑生、田秉毅著的《中国染织史》(上海人民出版社，1986年)的记载，北京周口店的山顶洞人早在1.5万年以前就开始应用红色氧化铁矿物颜料，用骨针制作衣物。新石器时代，人们已经懂得应用赭黄、雄黄、朱砂、黄丹等矿物颜料在织物上着色。同时，也选用植物萃取的染料。经过长期的应用与改良，逐步掌握了各类植物染料的提取、染色等工艺技术，为原始纺织品增加色彩。长沙马王堆西汉古墓出土的印花丝织品，色彩绚丽，说明了中国在2000多年前，已懂得应用印花技术。利用近代分析技术，确证朱红色为硫化汞、银灰色为硫化铅、粉白色为绢云母、蓝色

为靛蓝，由此可见当时的染料应用技术水平。533 ～ 544年，贾思勰所著的《齐民要术》卷五中，详细记载了多种植物染料的提炼方法如“殺红花法”、“造靛法”等，所制成的染料可长期使用。中国染料和染成的织物还通过丝绸之路运往欧洲。

考古资料显示，公元前3000年古埃及和美索不达米亚人已掌握了织物染色的技术，用植物染料染成黄色、红色、绿色等。古埃及尼罗河畔的金字塔的墓壁上的红色和红色的染色织物，说明了这一点。约在2500年前，印度已有从茜草提取茜红和从蓝草提取靛蓝染棉织品的记录。远古时候纽克里特人制造了昂贵、著名的泰尔紫（Tyriam Purple），这是一种海螺分泌物经氧化后得到的染料，后来小亚细亚的腓尼基人掌握了制造技术，利用泰尔紫在毛织品上染鲜艳紫蓝色，之后罗马帝国的贵族更以这种颜色染制袍服，作为贵族阶级的象征。

由于天然染料十分昂贵，只有少数人才能负担得起。随着合成染料的出现，人们的生活变得更加的丰富多彩。

（3）合成染料的发展历程

1856年，英国人Henry William Perkin无意中发现了最早的“苯胺紫”煤焦油染料，从此苯胺染料诞生。

1861年，C. H. 曼恩发现第一个偶氮染料苯胺黄，从此偶氮染料诞生。

1868年德国化学家C. 格雷贝（C.Craebe）和C. 李柏曼（C.Lieberman）

1921年，工人手动操作过滤装置，从而确保生产出最干燥的靛蓝染料

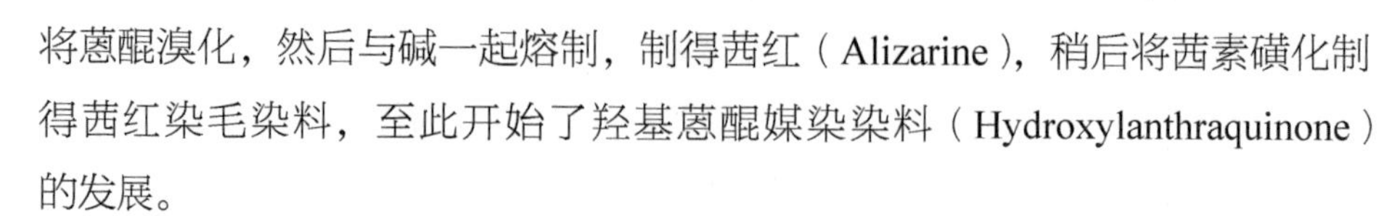

将蒽醌溴化，然后与碱一起熔制，制得茜红（Alizarine），稍后将茜素磺化制得茜红染毛染料，至此开始了羟基蒽醌媒染染料（Hydroxylanthraquinone）的发展。

1870年德国巴登苯胺和苏打水工厂（简称BASF）的化学家以苯胺为染料，合成茜素染料，从此开创了合成蒽醌染料。

★ 人类第一种合成染料——苯胺紫

Henry William Perkin（威廉·亨利·帕金）14岁进入英国皇家化学学校学习。他天资聪颖，学习勤奋，很快得到校长霍夫曼的垂青，不到一年即以学生的身份被任命为实验室助手。

帕金最初是想通过实验室人工合成治疟疾的特效药奎宁。从煤焦油里提炼出来的物质中，其中几种的化学结构与奎宁的化学结构相近，所以帕金就对它们进行各种化学处理，想使它们变成与奎宁类似的物质。但是无论怎样处理，都没有成功。最后，他选用霍夫曼用苯制成的苯胺做原料，在其中加入重铬酸钾使其氧化，这时产生了黑色的沉淀物。细心的帕金将这种黑色沉淀物溶解于酒精，溶液呈现出鲜艳的紫色。将绸子浸泡在这种溶液里，绸子也染上了这种紫色。用肥皂清洗，再在太阳下曝晒10多天，紫色丝毫不褪，色调鲜艳如初。

当时，英国最大的染料公司之一——皮拉兹公司对帕金所发现的这种染料给予了很高赞誉。帕金为这种新颖紫色染料申请了专利，取名叫“mouve”，并全力进行开发生产工作，淡紫色服装随之在法国、英国时髦起来。

从生产mouve染料开始，用煤焦油做原料的人造染料工业得到了迅速发展，人造染料很快就取代了木兰、茜草之类的天然染料，为塑料、化纤等合成化学工业的发展拉开了序幕。

★ BASF——化学工业一体化生产的鼻祖

英国人帕金无意中发现了最早的苯胺紫煤焦油染料，并在1856年将煤焦油合成染料变为现实。Friedrich Engelhorn在德国曼海姆拥有一家煤气公司，他迅速意识到了煤焦油这种副产品所蕴藏的商机。1861年，他开始生产品红（一种红色染料）和苯胺（从煤焦油中提炼出来的一种原料）。不过，在他心中还有更

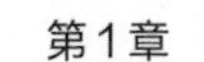

宏伟的蓝图——建立一家涵盖整个生产流程的公司，从原料和助剂，到前驱体、中间体再到染料。1865年，Engelhorn在曼海姆发起成立了一家名为Badische Anilin-&Soda-Fabrik（BASF，巴登苯胺和苏打水厂，即巴斯夫）的股份公司，总部设在莱茵河对岸的路德维希港，主要生产染料以及作为原材料的无机化学品。公司成立伊始，Engelhorn便遵循了一个开创性的想法，即在一个生产基地涵盖所有的生产过程。巴斯夫正是在这里逐渐发展形成了标志性的Verbund（一体化）理念。经过150多年的发展，至今巴斯夫公司已成为多年来位居全球化工

150多年后的巴斯夫路德维希港基地，这是世界上最大的一体化生产基地

简单的开始，1866年的BASF(巴斯夫)

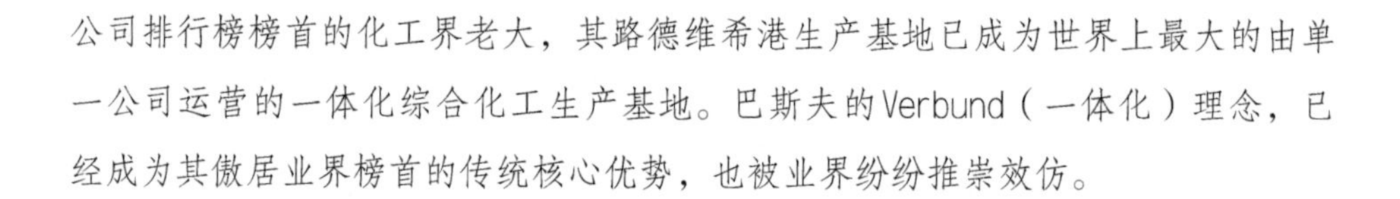

公司排行榜榜首的化工界老大，其路德维希港生产基地已成为世界上最大的由单一公司运营的一体化综合化工生产基地。巴斯夫的Verbund（一体化）理念，已经成为其傲居业界榜首的传统核心优势，也被业界纷纷推崇效仿。

2. 功能性染料让服装给点阳光就灿烂

随着科学技术的进步发展，合成染料的应用范围越来越广泛，除了其着色功能以外，逐渐出现了一些具有特殊功能或者特殊应用性能的染料，通常是利用这些染料特有的光、电、磁等物理或化学性质，达到染色以外的其他一些特殊应用。功能性染料通常包括激光染料、光敏变色染料、热敏变色染料等。

随着功能性染料的出现，逐渐出现了变色服装，让服装给点阳光就灿烂。变色服装的变色方式分为：感温变色、感光变色、遇水变色、红外变色、紫外变色等。

☆温度变色　当温度达到变色的临界点时，产生的颜色变化顺序有：无色变有色、有色变有色、有色变无色。

☆光变色　根据阳光的强弱产生颜色变化，当阳光强的时候颜色比较深，也分为：无色变有色、有色变有色。

☆遇水变色　在干燥的时候是一个颜色，当遇到水的情况下是另外一个颜色。例如，女式服装在烈日炎炎时呈纯白色，具有反射热量的功效；进入房间，温度降低，衣服变为浅蓝色；傍晚，随着温度的下降，又呈现出漂亮的玫瑰紫色。男式服装，清晨呈现出明快的棕色，午后呈灰色，晚上呈黑色。

（1）见光色变的纤维

光敏变色纤维就是指在太阳光或紫外光等的照射下颜色会发生可逆变化的纤维，通常是通过在纤维中引入光敏变色体而制得。具有光敏变色特性的物质通常是具有异构体的有机物，当我们用光照射这些化学物质时，两种化合物相对应的键合方式或电子状态发生变化，可逆地出现吸收光谱不同的两种状态，于是我们就看到了光敏变色纤维颜色的改变。移走光源，纤维恢复原来的颜色。光敏变色纤维最简单的制备方法就是，使用具有变色性能的染

料参与纤维的染色。

最早的光敏变色纤维应用是在越战期间，美国氰胺公司开发的可以改变颜色的作战服。美国军方研究人员认为，采用光导纤维与变色染料相结合，可以最终实现服装颜色的自动变化，使得作战服能够像变色龙那样随着环境颜色的变化而变色。

（2）遇热变脸的纤维

热敏变色纤维是指随温度变化颜色发生变化的纤维。如含金属钛（或铪、锆）的纤维，在常温下呈黄色，加热至300～400℃，变为灰黑色，继续加热至500～600℃时，呈白色，而到1000℃，即变灰白色。获得热敏变色纤维的方法除了将热敏变色剂充填到纤维内部外，还可将含热敏变色微胶囊的氯乙烯聚合物溶液涂于纤维表面，并经热处理使溶液成凝胶状来获得可逆的热敏变色功效。

英国默克化学公司将热敏化合物掺到染料中去，再印染到织物上。染料由黏合树脂的微小胶囊组成，每个胶囊都有液晶，液晶能随温度的变化而呈现不同的折射率，使服装变幻出多种色彩。通常在温度较低时服装呈黑色，在28℃时呈红色，到33℃时则会变成蓝色，介于28～33℃时会产生出其他各种色彩。

3. 一字之差的染料和颜料

在谈到对什么东西染上颜色的时候，我们经常发现，一会儿说是染料，一会儿又说是颜料。这两个“料”是一样的吗?

其实很好辨别，染料和颜料的主要区别在于对物体的着色方式不同，染料能够渗透到物体内部进行着色，如纤维内部；而颜料只能作用于物体表面，如布料的表面。

通常，颜料是一种微细粉末状的有色物质，一般不溶于水、油和溶剂，但能均匀地分散在其中。颜料是色漆的次要成膜物质，在木材装饰过程中调制底漆、腻子以及木材着色，也经常使用颜料。不透明的色漆由于放入颜料，其涂膜具有某些色彩和遮盖力。同时颜料还能增强涂膜的耐久性、耐候性、

耐磨性等。

染料与颜料不同，它是能溶于水、醇、油或其他溶剂等液体中的有色物质。染料溶液能渗入木材，与木材的组成物质（纤维素、木质素与半纤维素）发生复杂的物理化学反应，能使木材着色而又不致模糊木材的纹理，能使木材染成鲜明而坚牢的颜色。

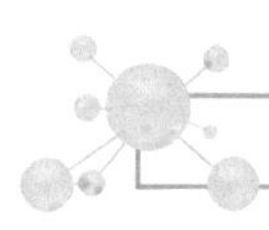

第3节　功能性服饰——满足四季美丽、舒适需求

服装面料的发展是随着人类科技水平的进步和应用领域的需求变化而发展的。人类在漫长的发展过程中，找到并真正利用的天然纤维不过几种或十几种。天然纤维穿着舒适，但其占用土地，加工费时费力、产量有限，满足不了人类日常需要。而化纤面料因结实耐用、易打理、具有抗皱免烫特性、可进行工业化大规模生产而获得快速发展。当人类进入化纤时代后，在短短的百年间，发明的化纤新品种就达上百种。但随着人们生活水平提高，穿衣讲究舒适性和时尚化，化纤面料的吸湿性差、舒适性差、手感差等弱点又凸显出来。于是，从天然纤维的舒适性入手，以天然纤维为“蓝本”，对化纤进行仿真、超真改造，增加功能性，服装面料获得大发展，各种功能性材料涌现出来。

1. 新型纤维应运而生

（1）天然纤维无害化

天然纤维依然是服装面料的主要纤维，但其种植过程中大量使用农药、除草剂、化肥等，会引起损害环境和人类健康的问题，需要对它进行无害化处理。这时候基因研究就大派用场了，例如将从天然细菌芽孢杆菌变种中取出的基因植入棉株中，使转变基因后的棉株不再有虫害；在棉株中植入不同颜色的基因，使棉桃在生长过程中具有不同的颜色，成为天然彩色棉，避免了印染对环境的污染，也杜绝了面料上的染料及残留化学品对人体皮肤造成

的伤害。

麻纤维在种植期间无需杀虫剂和肥料，且具有抗霉抑菌、防臭防腐、坚牢耐用的特点，服用性能良好，可谓绿色环保材料。

（2）纤维功能化、智能化

化纤作为人造的高分子聚合物，在生产过程中可以预先设计其功能性。例如，可添加银、氧化锌等具有杀菌消毒作用的微粒抗菌剂，使其具有抗菌保健功能。添加矿物微粉或陶瓷粉末，使其具有低辐射功能或远红外辐射功能，可有效地减少阳光中紫外线对人的伤害，或在常温下吸收人体及周围环境散发的热量产生远外线，辐射到人体皮下组织，产生热效应，达到促进人体细胞新陈代谢的目的。利用微胶囊技术，将多种具有医用疗效的物质通过印染、整理等方式固定在纤维中，使穿着者在穿用过程中随着保健物质的慢慢释放，享受到长期辅助治疗的作用。这样做显然比改造天然纤维更容易、更经济，而且效果更显著。此外，一些化纤自身由于高聚物的特性和特点也带有功能性。例如，腈纶的大分子结构非常稳定，有耐紫外线辐射的本领，加上腈纶采用阳离子染色，不仅色彩鲜艳，而且耐晒牢度极高，于是人们把腈纶织物用作遮阳类产品；锦纶的耐磨性使它广泛用于运动服装；对位芳纶的高强性使它用于防弹服；氯纶和异对位芳纶的耐高温特性使它们被广泛用作阻燃产品。

（3）特种纤维实用化

不锈钢纤维具有永久的防静电和抗菌功能，当不锈钢含量达到25%以上时，就有雷达可探性能，因而可在野外、海上等运动和作业环境中应用。

活性碳纤维能吸收气味，可用于制作防化兵和医务工作者以及化工人员的防护服，用碳纤维和Kevlar纤维混纺制成的防护服，能短时间进入火焰而对人体有充分的保护作用。

2. 特殊用途的“衣服”

（1）防弹衣是用什么材料制成的

1945年6月，美军研制成功铝合金与高强尼龙组合的防弹背心，型号为

M12步兵防弹衣。其中的尼龙66(学名聚酰胺66纤维)是当时发明不久的合成纤维，其强度几乎是棉纤维的2倍。以尼龙为原料的防弹衣能为士兵提供一定程度的保护，但体积较大，重量也高达6千克。20世纪70年代初，美国杜邦(DuPont)公司研制成功一种具有超高强度、超高模量、耐高温的合成纤维——凯芙拉(Kevlar)，这是一种芳香族聚酰胺纤维（简称“芳纶”），很快就在防弹领域得到了应用。新防弹衣以Kevlar纤维织物为主体材料，以防弹尼龙布作封套，防弹性能大为提高，同时质地较为柔软，适体性好，穿着也较为舒适。随后Kevlar在各国军队的防弹衣中得到了广泛的应用，并不断更新换代。

Spectra纤维是一种超高分子量聚乙烯纤维，重量轻盈，可在水上漂浮，然而在同等重量情况下其强度却比钢材要高15倍。凭借霍尼韦尔独有的Shield专利技术，一根根平行并排的合成纤维丝通过树脂系统固定联结起来。然后将多层此类材料以直角形式交叉层叠，并采用热压工艺融合成复合结构，从而使得该材料可以更有效地阻止射弹，同时射弹的冲击能量也可以沿着纤维的方向快速消散。Spectra Shield材料的应用大大提升了防弹板的防弹性能，因而使得供应商可以设计出穿戴更加舒适的产品。

Kevlar和Spectra纤维的出现及其在防弹衣上的应用，使以高性能纺织纤维为特征的软体防弹衣逐渐盛行。

现在，英国布里斯托尔国防航空业巨头BAE系统公司的一个科学家小组正开发一种创新技术，与凯芙拉纤维结合制造出液体防弹衣。其组成简单地说有三层：第一层和第三层是凯芙拉纤维，第二层是特殊液体——剪切增稠液（STF），该物质含有大量悬浮在无毒聚乙烯醇流体中的硬质纳米级硅胶微粒。正常情况下STF就像其他液体一样，很柔软，可以变形。一旦弹片或弹头撞击到它，这种液体瞬间凝结成块，形成固定结构，吸收撞击在它表面的弹片产生的冲击力，阻止弹体穿过，从而保护战士的生命安全。变硬只是几毫秒内的事，很快，这件防弹衣又变得柔韧了。

（2）最“贵”“重”的“衣服”——航天服

宇航员进行太空飞行必须穿着特殊材料、选用特殊工艺、经过特殊加工和特殊技术制成的航天服，这是世界上最“贵”“重”的“服装”，造价可达

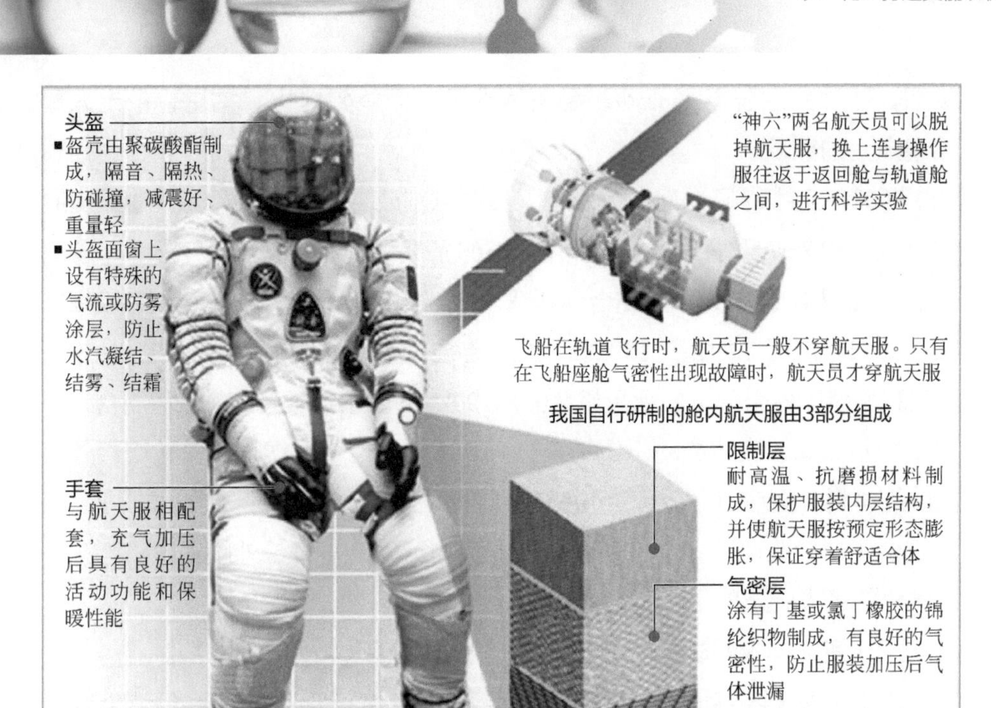

飞天航天服

上千万美元，它也是高科技领域的尖端技术代表，是保障航天员生命安全的最重要的个人救生设备。

航天服一般由压力舱、头盔、手套和靴子组成，其结构可分为软式、硬式和软硬混合式。按功能，航天服可分为舱内航天服和舱外航天服两大类。

舱外航天服的面料采用高级混合纤维，具有高强度、耐高温、抗撞击和防辐射的特性。它能够供给氧气，自带特制的抵御低温的蓄电池。它背上有一个生态包，许多设备隐身其中。与舱内航天服相比，多了防护层、液冷层和真空隔热层。

舱内航天服从外到内分别是限制层、气密层和散湿层。限制层由耐高温、抗磨损材料制成，用来保护服装内层结构，保证航天员穿着舒适合体；气密层由涂有丁基或氯丁橡胶的织物制成，防止服装加压后气体泄漏；散湿层与内衣裤连在一起，有许多管道，采用抽风或通风将气流送往

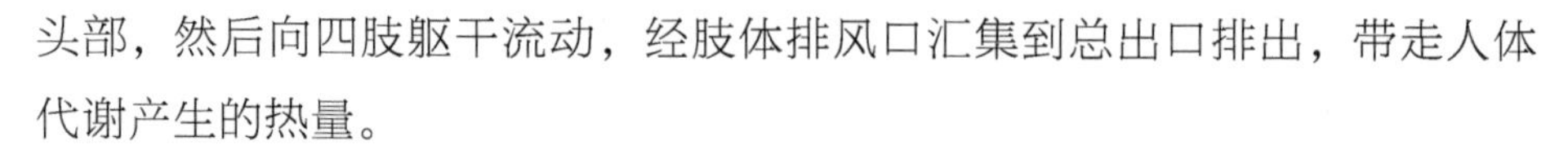

头部，然后向四肢躯干流动，经肢体排风口汇集到总出口排出，带走人体代谢产生的热量。

2008年9月27日，神舟七号航天员翟志刚成功进行太空行走，中国研制的第一套舱外航天服第一次在距地球300多公里的茫茫太空“亮相”。这套“飞天”航天服躯干壳体为铝合金薄壁硬体结构，壁厚仅1.5mm，却有极高的强度要求。抗压能力超过120kPa，经得起地面运输、火箭发射时的震动，还要连接服装的各个部位，承受整套服装120kg的重量。服装的气液控制台，可自动控制气体、液体流动，使航天员得到适宜的空气和温度。航天服最外层的防护材料，面料可耐受正负100℃以上的温差变化。服装携带的氧气瓶，采用复合压力，既保证安全又能带尽可能多的氧气。一套舱外航天服相当于一个独立的载人航天器。

（3）避火神衣消防服

古典小说《西游记》中讲到，唐僧身上的袈裟就是一件烈火不侵的宝衣。时至今日，神话已经变成了现实，五花八门、千姿百态的阻燃织物如雨后春笋般涌现出来。

消防服是保护消防队员人身安全的重要装备之一，消防战斗服衣料通常由防火表层、隔水层、隔热层和阻燃舒适里料组成。防火层通常由阻燃纤维织物（多为Nomex、Kevlar、PBI、Matrix等纤维）与真空镀铝膜的复合材料制作而成，不含石棉，具有密度小、强度高、阻燃、耐高温、抗热辐射、防水、耐磨、耐折、对人体无害等优点，能有效地保障消防队员、高温场所作业人员接近热源而不被酷热、火焰、蒸气灼伤。中间隔水透气层为基布与不同膜结构材料复合而成，常用聚四氟乙烯微孔膜。内层多用芳纶或与其他阻燃材料制成混合毡，起到隔热、柔软的作用。

（4）神奇的鲨鱼皮泳衣

鲨鱼皮泳衣（shark-skin like swimsuit）是Speedo公司出产的一种模仿鲨鱼皮肤制作的高科技泳衣，又被称为神奇泳衣、快皮。1999年10月，国际泳联正式允许运动员穿鲨鱼皮泳衣参赛，2004年、2007年、2008年第2、3、4代鲨鱼皮泳衣分别面市。国际泳联于2009年7月底做出了决定：从2010年起，禁止在比赛中使用高科技泳衣，泳衣材料必须为纺织物，泳衣不得覆盖

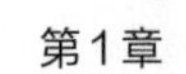

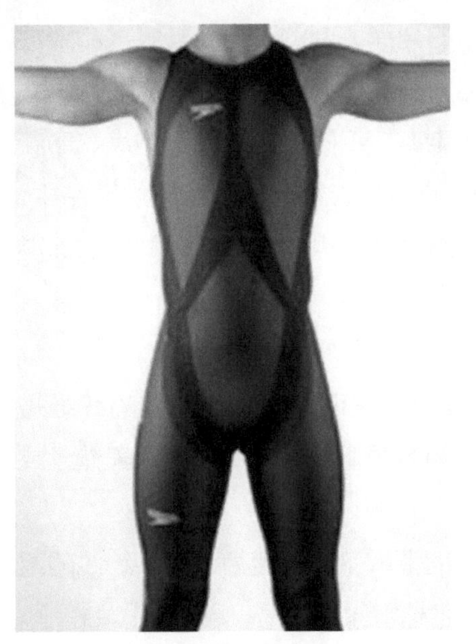

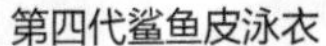

第四代鲨鱼皮泳衣

第三代鲨鱼皮泳衣纤维结构

四肢，新规则使用前世界纪录不作废。鲨鱼皮泳衣近十年的辉煌历史由此走到尽头。

鲨鱼皮泳衣的核心技术在于模仿鲨鱼的皮肤。生物学家发现，鲨鱼皮肤表面粗糙的V形皱褶可以大大减少水流的摩擦力，使身体周围的水流更高效地流过，鲨鱼得以快速游动。快皮的超伸展纤维表面便是完全仿造鲨鱼皮肤表面制成的。此外，这款泳衣还充分融合了仿生学原理：在接缝处模仿人类的肌腱，为运动员向后划水时提供动力；在布料上模仿人类的皮肤，富有弹性。实验表明，快皮的纤维可以减少3%的水阻力，这在1%秒就能决定胜负的游泳比赛中有着非凡意义。根本原因："鲨鱼皮"使用了能增加浮力的聚氨酯纤维材料。

3. 纤维小知识

（1）什么是莫代尔？

莫代尔（Modal）纤维是奥地利兰精(Lenzing)公司开发的高湿模量再生纤维素纤维，原料采用欧洲的榉木，先将其制成木浆，再通过专门的纺丝工艺加工成纤维。莫代尔具有棉的柔软、丝的光泽、麻的滑爽，其吸水和释放水分子速度比一般纯棉高50%，透气性能优于棉，手感爽滑、细腻、悬垂性好、色泽鲜亮、耐磨防皱，具有较高的上染率。织物颜色明亮、饱满、印花图案分色清晰。莫代尔被广泛运用于人们的贴身衣物制造和家用纺织品中，其柔软光滑的特性会让人们穿着非常的健康舒适，也可以与其他材质的面料一起混纺，形成不同感觉的面料。

（2）你知道纤维粗细如何表示吗？

由于纤维长丝与纱线形状不规则，且纱线表面有毛羽（伸出的纤维短毛），因此很少用直径表示其细度，多使用旦数或下列几个单位表示天然丝或化学纤维粗细的程度。

特克斯：简称特，符号为tex。在公定回潮率下，长度为1000m纱线的重量克数，1tex=1g/1000m。特克斯越大，纱线越粗。

旦尼尔（Denier）：简称旦，符号为D。在公定回潮率下，9000m长的纤维的重量克数，1D=1g/9000m。1tex=9D。当纤维的密度一定时，旦数越大，纤维越粗。由于D×1.111=dtex，旦和分特相近，所以dtex也较常用。

公制支数（N）：在公定回潮率下，每一克重纤维或纱线的长度米数。公制支数越大，纱线越细。书写方法：数字/股数，如：32/3。

英制支数（S）：在公定回潮率下，每一磅（0.4536kg）重的纤维或纱线长度为840码时为一英支。英支越大，纱线越细。书写方法：数字S/股数，如32S/3。

（3）超细纤维

超细纤维又称超细旦。一般把纤度0.3旦（直径5μm）以下的纤维称为超细纤维。国外已制出0.00009旦的超细纤维，如果把这样一根纤维从地球拉到月球，其重量也不会超过5g。因为它比传统的纤维细，所以比一般纤维更具蓬松、轻薄、柔软的触感，且能克服天然纤维的易皱、人造纤维不透气的缺点，吸湿快干性能优越。此外，它还具有保暖、不发霉、无虫驻、质轻、防水等许多无可替代的优良特性。超细纤维的品种有超细旦黏胶丝、超细旦锦纶丝、超细旦涤纶丝、超细旦丙纶丝等。

细旦、超细旦纤维所制得的织物具有常规化纤和天然纤维所无法比拟的

特点和风格，其中最突出的是柔软性好，更富于丝绸感。

由于细旦化纤的微细结构，在织物中纤维根数增多，带来了“微气室”效应，提高了织物的保温（暖）性和隔音性。

超细旦纤维比表面积大，有利于提高织物的吸湿性，并有明显而特殊的毛细管现象，输导水气性能良好，不仅改善织物染色性能，而且也改善了服用的舒适性。

第4节　未来我们穿什么

每次看好莱坞科幻大片，都能找到一些未来服装的变化趋势，也会让人不由联想到未来的服装会变成什么样子。美国一位资深的纺织品研发专家说过，未来纺织品将有两种趋势：一种是越来越质朴、回归天然；另一种是越来越“智能化”和“高科技化”。

随着现代人生活质量的提高，人们对自己的穿着要求也越来越高，不再限于服装的造型、款式，更注重服装的面料是否舒适，是否环保。因此，低碳环保是未来服装面料的发展趋势，绿色纺织品和生态服装所打造的“绿色服装”前景光明。

另外，服装是现代科技进步的载体。当今世界科学技术迅猛发展，高新技术和信息技术的发展将改变和提升传统的服装功能，服装智能化是大势所趋。

1. 新型纤维开发打造绿色面料

生态服装设计的兴起，必然推动现代服装进入了一个以材质取胜的时代，采用新型纤维开发的面料可以极大提高服装的附加值。

原生竹纤维面料　由竹子经粉碎后采用水解、碱处理及多段式的漂白，精制成浆粕，再将不溶性的浆粕予以变性，转变为可溶性黏胶纤维用的竹浆粕，再经过黏胶抽丝制成。竹纤维具有良好的韧性，也具有良好的稳定性，

并且防缩水、防皱褶与抗起球，同时不会造成过敏，自然环保。

虾蟹壳面料　日本专家新近研制出一种新型的衣料，该衣料具有透气、透汗、爽身等多种功能。它是将虾、蟹加工后的剩余产品——环己二醇进行压制、混纺而制成的。

大豆蛋白纤维面料　主要原料来自于大豆豆粕，由我国率先自主开发、研制成功。该纤维单丝纤度细、密度小、强伸度高、酸耐碱性好。用它纺织成的面料，具有羊绒般的手感、蚕丝般的柔和光泽，兼有羊毛的保暖性、棉纤维的吸湿和导湿性，穿着十分舒适，而且能使成本下降30% ～ 40%。

霉菌丝面料　英国科学家发明了一种新的织布方法，即把霉菌的菌丝体经人工培育繁殖制成一种新型无纺织物。这种无纺织物的面料柔软而轻薄。

菠萝叶纤维面料　日本把菠萝叶纤维浸入特殊油脂予以改质，织成了纯菠萝叶纤维的春夏服装衣料。菠萝叶纤维比绢丝还要细3/4，因此，用它织成的布料轻薄柔软，其服装穿着舒适。

海藻纤维面料　海藻具有保湿特点，并含有钙、镁等矿物质和维生素A、E、C等成分，对皮肤有美容效果。利用海藻内含有的碳水化合物、蛋白质、脂肪、纤维素和丰富矿物质等优点所开发出的纤维，是在纺丝溶液中加入研磨得很细的海藻粉末予以抽丝而成。

2. 智能服装大行其道

想过未来穿在我们身上的会是什么样的衣服吗？美国科技媒体预测，未来的服装将成为真正的“多功能便携式高科技产品”，也许那个时候，挂在你衣柜里的那些东西与其说是衣服，还不如说是计算机、发电机、监测仪或其他什么东西。因为，在未来，越来越多的高科技元素将融入普通服装中，衣服将不再是只起保暖和美观作用的覆盖物，它还将是你生活和工作的助手，甚至可以帮助你在极其复杂和恶劣的环境下维持生存。一件衣服能同时播放音乐、视频，调节温度，能够读出人体心跳和呼吸频率，能够显示文字与图像，甚至上网冲浪……人们出门不再需要带手机、iPad，因为它们已经被“穿”在了衣服上。

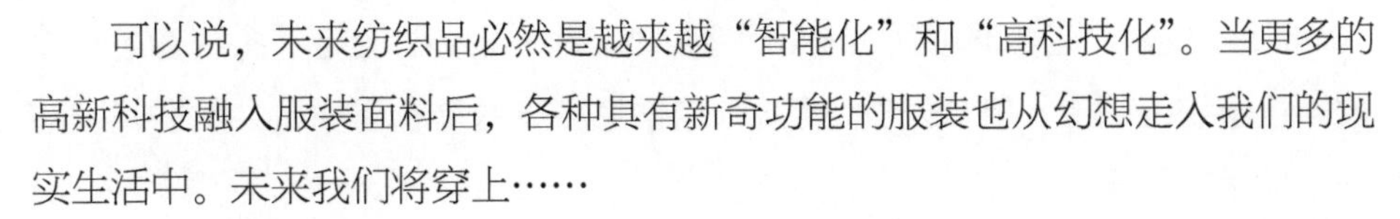

可以说，未来纺织品必然是越来越“智能化”和“高科技化”。当更多的高新科技融入服装面料后，各种具有新奇功能的服装也从幻想走入我们的现实生活中。未来我们将穿上……

（1）会发光的衣服

科思创公司在2016年K展（塑料行业展）中展出一件发光的衣服。LED灯管使其显得与众不同，而灯光同样也发挥关键作用，比如保护行人和骑行者以避免发生交通事故。这件衣服的独特之处在于：发光二极管并非安装在板材或带材上，而是定位在一块柔软的面料上。

该电子系统包含一块可变形的薄膜材料，即科思创提供的热塑性聚氨酯（TPU）。热塑性聚氨酯是铜制印刷电路的基材，因其弯曲的形态，所以可被弯折和拉伸。

智能电路运用有效多级的工艺进行生产。首先，采用层压工艺将铜膜覆在聚氨酯薄膜上，随后在结构操作中生产出具有高效粘贴功能的印刷电路。然后用传统热塑工艺改变涂层薄膜的形状。科思创薄膜专家Wolfgang

Stenbeck说道："这种薄膜可耐标准蚀刻和雕刻。可成型的电子系统也可直接被层压于纺织品上，制成发光衣服。"这种生产技术是欧盟委员会赞助开发的多个项目之一。

科思创展示的这件发光衣服。LED不是安装在板材上，而是可成型的热塑性聚氨酯薄膜（TPU）上。可成型电子系统可直接层压在纺织品上，制成发光衣服。可以清楚地看到，弯弯曲曲的铜制印刷电路能够弯曲、拉伸变形。它们可与节能元件完美结合。也可采用标准印刷电路板设备制造。

（2）谷歌推出"可穿戴"布料Project Jacquard

2016年5月底，谷歌推出"可穿戴"布料Project Jacquard，并敲定了上市日期：2017年春天，嵌入Jacquard技术的外套就在Levi' s专卖店中出售，价格在148～178美元。

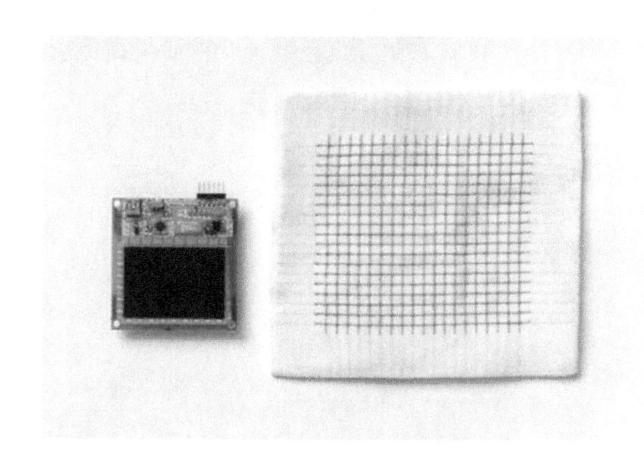

Jacquard的核心技术是由传导线编织而成的布料，这种布料能够作为触控屏使用。这是一种使用老式纺织制造工艺将触摸屏织入传统面料的新方法。谷歌的纱线具有导电金属芯，可与常规纤维混合并且可以被染成任何颜色。

触控屏的电量由连接到袖口的小型电路线圈提供，并可以通过USB接口充电。谷歌设计师们将这些加密锁设计成衣服上其他纽扣的样子，尽管这些“纽扣”目前看起来比正常的纽扣要厚一些。但这些特殊的“纽扣”内嵌了能根据你正在做的事变换颜色的LED灯。

Levi's推出的嵌入Jacquard技术的外套的一个袖子边缘就是用一大片此类布料组成。Project Jacquard的主管Ivan Poupyrev称，他的团队正在努力让Jacquard触感尽可能接近真实的衣服。

最后通过手机App应用，你就能设置相应的手势对应的动作了，你可以设置点击一下袖子上的触控屏就是接听电话，横扫一下触控屏就是查看天气等。穿上这件“智能外套”后，就可以通过衣服来直接控制自己的手机，在袖子上直接播放音乐、显示地图等。目前，Jacquard仅支持设置8种手势来控制各种Jacquad支持的功能。

专家预测，随着技术的不断突破，可穿戴技术将无声无息、毫无违和感地融入人们的生活中。

（3）调温服装：穿在身上的“空调”

利用“太空宇航技术”开发出的相变调温纤维，能根据冷暖产生双向变化，可用来生产出“冬暖夏凉”的调温服装。这种会放热吸热、调温的材料，专业名称叫作“相变材料”，材料本身能够吸收和释放热量，而且在吸热和放热的过程中，材料本身还会“变身”。“变身”的过程很有意思，在正常体温状态下，该材料固态与液态共存。当外界温度高于30℃时，相变材料开始吸收热量，从固态变成液态，并将热量“储存”起来，这时衣服内的温度开始降低，穿衣服的人也不会觉得热了。而当冬季人们走到寒冷的室外，外界温度低于20℃时，材料又从液态变成固态，放出热量，从而减缓人体体表温度的变化，保持舒适感。

科学测试表明，人体感觉最舒适的皮肤温度为33.4℃。如果身体任何部位的皮肤温度与最舒适皮肤温度之间的温差在1.5 ～ 3.0℃范围内，人体就会感觉不冷不热，但如果这个温差超过4.5℃，人体将有或冷或热的感觉。而用这种特殊材料制作的衣服，能够保证把这个温差控制在3℃左右，所以会让穿着的人感到非常舒适。

这些相变材料被放进成千上万个直径只有1μm、用树脂聚合物做成的“微胶囊”里面，再掺入普通服装纤维里制成调温纤维，用这样的纤维织成面料做成的衣服就有调温功能了。微胶囊的质地很坚韧，无论是外界升温降温，还是受到一定程度的挤压都不会出现破裂。1μm的尺寸只有在显微镜下才能看得到，用手摸根本不会感受到布料中微胶囊的存在。

除了“微胶囊”技术之外，现在还研发出一种“相变材料复合纺织”技术，这项技术不必先将相变材料制成“微胶囊”，而是在纺丝技术上做起“手脚”：一根细细的丝线中间有一个芯层，芯层中包裹着“相变材料”，而芯层之外则是普通的织物纤维，这样一来，不但减少了制作“微胶囊”的工艺程序，提高了生产效率，还能降低成本，让调温服装成为老百姓买得起的衣服。

调温材料的应用可谓前景广阔，它可以与棉、麻、毛、丝等各类材料进行混纺，目前已经成功应用于宇航服、消防服的保温层材料等特殊制造领域。此外，它还能应用于红外线伪装服的制造，衣服表面的温度可以降到红外线仪器无法感知的地步，于是，穿着这种伪装服的士兵可以变成仪器探测不到的“隐形人”。而在民用服装方面，调温材料也可以应用于很多领域，比如服

装的调温内衬，还有内衣裤、帽子、手套等。

（4）可“记忆形状”的服装

意大利人毛罗·塔利亚尼设计出一款具有“形态记忆功能”特性的衬衫。当外界气温偏高时，衬衫的袖子会在几秒钟之内自动从手腕卷到肘部；当温度降低时，袖子能自动复原。同时，如果人体出汗时，衣服也能改变形态。这种具有“形态记忆功能”的奥秘就在于衬衫面料中加入了镍钛记忆合金材料。应用形状记忆面料剪裁的衣服还具有超强的抗皱能力，不论如何揉压，都能在30秒内恢复挺括的原状，再也不用为皱巴巴的衣服烦恼了。

（5）将抗静电进行到底的服装

写字楼里的干燥空气，常常使我们面临被静电“偷袭”的烦恼。具有抗静电功能是高科技服装面料的又一特色。将导电高分子材料复合到传统的纺织面料中，可以制成具有良好的抗静电、电磁屏蔽效果的面料。例如以聚苯胺为导电剂，把它制成具有优异导电性能的复合导电纤维，可与普通合成纤维交织制成聚苯胺复合抗静电面料，用于制作抗静电工作服；为了孕妇、儿童的安全，也可用作电磁波屏蔽保护服。只要穿上这种面料的衣服，不管到什么地方，都可以防止静电的侵扰，并有效地屏蔽电磁波对人体的侵害。

此外，运用最新生物技术、纳米技术和微波技术，未来的各种超级织物更有着让你想象不到的特殊功能。比如，只需穿上一件含有特殊化学成分的纤维制成的“防蚊服”，便可以“百毒不侵”了，无论什么样的蚊虫，只要接触到这件衣服便会晕死过去。这样，野外露营的时候，你再也不用担心烦人的蚊虫了。再如，一家美国公司把陶瓷纤维同合成纤维结合起来制成了防晒服，这种衣服夏天防晒的效率是普通衣服的两倍，同时它还能把有害紫外线反射出去，而陶瓷纤维又能阻止保温的红外线逃逸。

美国空军科学家利用微波技术，将纳米大小的粒子附着在纤维上，制成具有自我清洁功能的纤维。这些纳米粒子不仅防水、防油还能抗菌。用这种纤维制成的免清洗服装，可以让穿过几个星期都没洗的衣服依然光洁如新。

总之，各种各样的未来服装让人目不暇接，浮想联翩。相信随着科技的发展，还会有越来越多的、神奇的、具有特殊功能的新型服装面世，将为我们带来更美好、更健康的生活。

第5节 大数据

从2010年、2015年的数据可以看出，我国每年的纤维加工量已超过5000万吨。其中化学纤维约4500万吨，占纤维总量的80%以上，棉毛丝麻等天然纤维总量不到20%。而在合成纤维中，涤纶纤维总量要占到80%以上，涤纶在纺织工业中的重要性可见一斑。

我国天然纤维产量 单位：万吨

品类	2015年	2016年
棉花	560.34	534.0
麻类	21.08	—
桑蚕茧	62.80	62.0
生丝	17.20	15.7

注：数据来源于中国纺织工业联合会。

我国天然纤维进出口情况 单位：吨

品类	2015年		2016年	
	进口	出口	进口	出口
棉纤维	1.56×10^6	29164	1.00×10^6	8116
丝纤维	2354	8049	3610	8397
麻纤维	8.19×10^5	5041	8.34×10^5	4146

注：数据来源于中国纺织工业联合会。

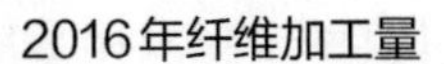

2016年纤维加工量　　单位：万吨

品类	数量	占比 /%	同比 /%
总计	5420		2.26%
原棉	715	13.19	2.14
化纤	4565	84.23	2.40
毛	44	0.81	−2.22
麻	81	1.49	0.00
丝	15	0.28	−6.25

注：数据来源于中国纺织工业联合会。

2016年全国合成材料产品产量统计　　单位：万吨

产品名称	2016 年	2015 年	同比 /%
合成纤维单体	3770.3	3572.4	5.5
合成纤维聚合物	1653.2	1647.7	0.3
聚酯	1192.0	1180.6	1.0
化学纤维	4943.7	4763.8	3.8
人造纤维（纤维素纤维）	407.3	379.1	7.4
黏胶短纤维	341.3	308.1	10.8
黏胶纤维长丝	23.3	25.8	−9.7
醋酸纤维长丝	35.6	36.4	−2.2
合成纤维	4536.3	4384.6	3.5
锦纶纤维	333.2	305.9	8.9
涤纶纤维	3959.0	3840.0	3.1
腈纶纤维	72.0	72.5	−0.7
维纶纤维	8.7	7.2	21.4
丙纶纤维	25.9	23.2	11.7
氨纶纤维	53.3	51.4	3.7

注：数据来源于中国石油和化学工业联合会。

2016年我国染颜料产量统计　　单位：吨

产品名称	产量
硫化染料	76206
直接染料	15368
酸性染料	45010
还原染料	50962
冰染染料	4127
活性染料	249956
分散染料	436203
阳离子染料	8185
碱性染料	1030
其他染料	29915
染料合计	928016
有机颜料	236708
中间体	323533
色母粒	56039
印染助剂	102492
荧光增白剂	38694

注：1. 数据来源于中国染料工业协会。

2. 表中色母粒、印染助剂、荧光增白剂产品为不完全统计。

2016年染颜料出口情况

产品名称	出口统计			
	出口量 / 吨		创汇额 / 万美元	
	累计	同比 /%	累计	同比 /%
分散染料	101828	2.7	62763	−9.6
酸性染料	15694	−6.1	10924	−12.5
碱性染料	13434	4.4	9764	−4.4

续表

产品名称	出口统计			
	出口量/吨		创汇额/万美元	
	累计	同比/%	累计	同比/%
直接染料	12622	6.4	4431	−8.2
活性染料	35900	−13	23227	−20.1
还原染料	6127	13.2	7359	−3.6
靛蓝	38223	15.4	16848	7.8
硫化染料	4842	18.5	1438	14.5
硫化黑	31670	16.8	5057	15.9
染料合计	260341	3.5	141813	−8.5
有机颜料	144828	2.1	104688	−5.1
荧光增白剂	50949	10.6	15436	5
助剂	38224	11.3	7614	−3.3

注：数据来源于中国染料工业协会。

2016年染颜料进口情况

产品名称	进口统计			
	进口量/吨		耗汇额/万美元	
	累计	同比/%	累计	同比/%
分散染料	2117	0.9	3546	6.6
酸性染料	10959	7.1	10600	−3.9
碱性染料	893	16.6	912	−1.3
直接染料	2348	3.1	1572	−1.8
活性染料	11497	−3.4	11225	−6.5
还原染料	339	−15.7	611	−16.7
靛蓝	11	19.9	11	−33
硫化染料	718	16	335	−1

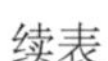
续表

产品名称	进口统计			
	进口量 / 吨		耗汇额 / 万美元	
	累计	同比 /%	累计	同比 /%
硫化黑	444	12.9	253	34.7
染料合计	29326	2.2	29065	−3.6
有机颜料	16915	1	28036	5.3
荧光增白剂	6139	−3.4	2406	−22.1
助剂	61379	15.3	21601	5.2

注：数据来源于中国染料工业协会。

第 2 章
食：化工带来营养健康

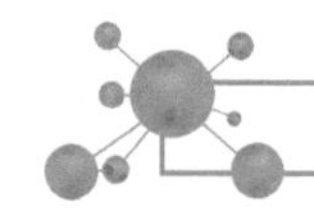

第1节 化肥——让沧海变良田

1. 化肥的前世今生

你知道化肥的来源吗?

提起化肥，人们只知道这是现代化工工业的产物，殊不知，它的发明与生产已有200多年的历史。而人类施用肥料的历史可以追溯到远古时代，根据古希腊传说，用动物粪便作肥料是大力士赫拉克罗斯首先发现的。赫拉克罗斯是众神之主宙斯之子，是一个半神半人的英雄，他曾创下12项奇迹，其中之一就是在一天之内把伊利斯国王奥吉阿斯养有300头牛的牛棚打扫得干干净净。他把艾尔菲厄斯河改道，用河水冲走牛粪，沉积在附近的土地上，使农作物获得了丰收。当然这是神话，但也说明当时的人们已经意识到粪肥对作物增产的作用。古希腊人还发现旧战场上生长的作物特别茂盛，从而认识到人和动物的尸体是很有效的肥料。在《圣经》中也提到把动物血液淋在地上的施肥方法。

化肥登上历史舞台是进入18世纪以后，世界人口迅速增长，同时在欧洲爆发的工业革命，使大量人口涌入城市，加剧了粮食供应紧张，并成为社会动荡的一个起因。化学家们从18世纪中叶开始对作物的营养学进行科学研究。19世纪初流行的两大植物营养学说是“腐殖质”说和“生活力”说。前者认为植物所需的碳元素不是来自空气中的二氧化碳，而是来自腐殖质；后者认为植物可借自身特有的生活力制造植物灰分的成分。1840年，德国著名化学家李比希出版了《化学在农业及生理学上的应用》一书，创立了植物矿物质营养学说和归还学说，认为只有矿物质才是绿色植物唯一的养料，有机质只有当其分解释放出矿物质时才对植物有营养作用。李比希还指出，作物从土壤中吸走的矿物质养分必须以肥料形式如数归还土壤，否则土壤将日益贫瘠。从而否定了“腐殖质”和“生活力”学说，引起了农业理论的一场革命，为化肥的诞生提供了理论基础。

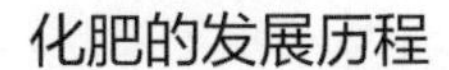

化肥的发展历程

1828年，德国化学家维勒（F.Wöhler，1800 ～ 1882）在世界上首次用人工方法合成了尿素。按当时化学界流行的“活力论”观点，尿素等有机物中含有某种生命力，是不可能人工合成的。维勒的研究打破了无机物与有机物之间的绝对界限。但当时人们尚未认识到尿素的肥料用途。直到50多年后，合成尿素才作为化肥投放市场。

1838年，英国乡绅劳斯（L.B.Ross）用硫酸处理磷矿石制成磷肥，成为世界上第一种化学肥料。

1850年，德国化学家李比希（J.Von Liebig，1803 ～ 1873）发明了钾肥。

1850年前后，劳斯又发明出最早的氮肥。

1909年，德国化学家哈伯（F.Haber，1868 ～ 1934）与博施（C.Bosch，1874 ～ 1940）合作创立了“哈伯-博施”氨合成法，解决了氮肥大规模生产的技术问题。两人先后获得“诺贝尔化学奖”。

20世纪50年代以来，化肥得到了大规模应用。据统计，在各种农业增产措施中，化肥的作用占大约30%。我国的化肥生产开始于20世纪30年代。

2. 化肥家族五朵“金花”

随着农业的不断发展，化肥投入量逐渐增加已表现为一种普遍的趋势。人们使用化肥的品种也由单一化向多元化、复合化等方面发展。就通常而言，化肥家族有氮肥、磷肥、钾肥、复合肥、复混肥五朵“金花”。

（1）氮肥 它是化肥家族的老大，在化肥家族中使用最普遍，用量最大。氮肥有明显的增产效果，其作用居磷、钾等肥料之上。氮肥不仅可以提高生物总量和经济产量，还可以改善农作物的营养价值，特别能增加种子中蛋白质含量，提高食品的营养价值。氮肥以可被植物利用的氮素化合物为主要成分，按其中所含氮化合物形态的不同，又可细分为以下几种，各具特性。

铵态氮肥 铵态氮肥是以铵盐或氨形态存在，主要有氨水、碳铵、硫铵、氯化铵等。其共同特点是施入土壤后氮元素可以被植物直接吸收，也会被土壤胶体吸附，不会轻易随水流失。但会因挥发而逸走，在碱性土壤及通气条件下，情况更严重。土壤中的微生物会将部分铵态氮转化成硝态氮，长期大量施用会导致土壤变酸。

硝态氮肥 硝态氮肥的氮以硝酸根离子的状态存在，主要有硝酸铵、硝酸钠、硝酸钙等。硝酸根离子不被土壤胶体吸附，故移动性大，易随水流失。不宜作基肥施用，一般用作追肥。

硝铵态氮肥 同时含硝酸根和铵基的氮肥，主要有硝酸铵和硝酸铵钙。

酰胺态氮肥 以酰氨基形态存在的氮肥，主要有尿素。尿素作基肥和追肥都适宜，但肥效稍慢。尿素的施用不会导致残留物积聚在土壤中，也不会令土壤酸化或碱化。尿素是氮肥的主要品种，约占氮肥总量70%以上。

氰氨态氮肥 主要有石灰氮。施用在酸性土壤中时，可以降低土壤酸性，改良土壤。但在碱性土壤中施用时，石灰氮分解缓慢，氰氨还有可能聚合成难以分解的双氰氨，对作物有害，故一般不宜施用。

（2）磷肥 磷肥以植物可利用的无机磷化物为主要成分。磷肥可增加作物产量，改善作物品质，加速谷类作物分蘖和促进籽粒饱满；促使棉花、瓜类、茄果类蔬菜及果树的开花结果，提高结果率；增加甜菜、甘蔗、西瓜等的糖分；油菜籽的含油量。根据其溶解性质细分为水溶性磷肥、枸溶性磷肥和难溶性磷肥。

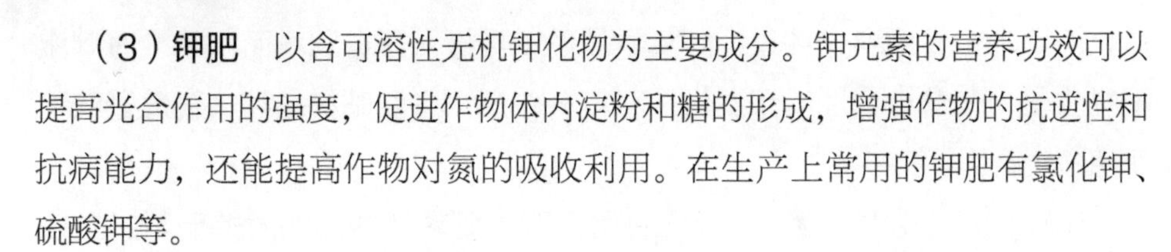

（3）**钾肥** 以含可溶性无机钾化物为主要成分。钾元素的营养功效可以提高光合作用的强度，促进作物体内淀粉和糖的形成，增强作物的抗逆性和抗病能力，还能提高作物对氮的吸收利用。在生产上常用的钾肥有氯化钾、硫酸钾等。

（4）**复合肥** 指在成分中同时含有氮、磷、钾三要素或只含其中任何两种元素的化学肥料。它具有养分含量高，副成分少，养分释放均匀，肥效稳而长，便于贮存和施用等优点。主要有磷酸铵、氮磷钾复合肥、磷酸二氢钾等。

（5）**复混肥** 它是根据生产需要，将若干种营养元素，经过机械加工而制成的肥料。

3. 化肥家族新成员——新型肥料

什么是新型肥料？

当今还没有统一的标准。首先，无论是新型肥料还是常规肥料，其本质必须是肥料，离开肥料，则无从谈起所谓的“新”与“旧”。

微量元素肥 具有一种或几种微量元素标明量的肥料。这类肥料中含有一种或数种对作物生长发育所必需的，但需要量甚微的营养元素，包括锰、硼、锌、钼、铁和铜等。主要的品种有：硫酸锰、硼砂、硫酸锌、钼酸铵、硫酸亚铁、硫酸铜及各种微量元素混合的叶面肥。

微生物肥料 由一种或数种有益微生物、培养基质和添加剂培制而成的生物性肥料，通常也叫菌剂或菌肥，包括固氮菌类、解磷类和解钾类细菌。市场上主要的肥料品种有：硅酸盐菌剂、复合菌剂和复合微生物肥料。

调节剂类 用于改善土壤的物理、化学性质和植物生长机制的物质，统称为调节剂类。主要类型有土壤酸碱调节剂、土壤结构改良剂、植物生长调节剂。市场上主要肥料品种有：土壤保水剂、云大-120等。

氨基酸肥料 能够提供各种氨基酸类营养物质的物料统称为氨基酸类肥料。

腐殖酸肥料 富含腐殖酸和一定标明量无机养分的肥料。以泥炭、褐煤、风化煤等为主要原料，经过不同化学处理或再掺入无机肥料而制成。有刺激植物生长、改善土壤性质和提供少量养分作用。主要肥料品种：腐殖酸铵和腐殖酸复合肥。

添加剂类（大量元素） 指含有用于改善肥料性能的物质的肥料，主要包括含有防止或减少肥料吸湿结块的添加剂和抑制氨态氮挥发，减少氮损失的添加剂。含有添加剂的肥料品种主要有：长效碳铵、肥隆等。

4. 化肥的是是非非

（1）化肥让我们“足食”

中国是一个人口众多的国家，粮食生产在农业生产的发展中占有重要的位置。通常增加粮食产量的途径是扩大耕地面积或提高单位面积产量。根据中国国情，继续扩大耕地面积的潜力已不大，虽然中国尚有许多未开垦的土地，但大多存在投资多、难度大的问题。这就决定了中国粮食增产必须走提高单位面积产量的途径。施肥不仅能提高土壤肥力，而且也是提高作物单位面积产量的重要措施。化肥是农业生产最基础、最重要的物质投入。据联合国粮农组织（FAO）统计，化肥在对农作物增产的总份额中约占40%～60%。中国能以占世界7%的耕地养活了占世界22%的人口，可以说化肥起到举足轻重的作用。

（2）化肥与环境：能否和谐共处

水、土壤、大气是人类生存不可缺少的环境条件和资源。“没有水就没有生命”，“万物土中生”，大地是人类的母亲。同样，粮食对人类也是不可或缺的，合理地使用肥料，不仅能增加农产品的产量，而且还能改良与培肥土壤，固碳减排，防止水土流失的发生。随着科学技术的发展，人们对化肥的认识逐渐深入而全面，测土施肥、科学施肥等方法大力推广。但事物也有两性，化肥的施用对环境也有某些不利的影响。

化肥对大气的污染。化肥对大气的污染主要是氮肥分解成氨气与反硝化过程中生成的NO_2所造成的。肥料氮在反硝化作用下，形成氮和氧化亚氮，释放到空气中去，氧化亚氮不易溶于水，可达平流层的臭氧层与臭氧作用，

生成一氧化氮，破坏臭氧层。

化肥对水的污染。随着大量施用化肥，使氮、磷等营养元素进入水域，造成人为水体富营养化。大量藻类和水生植物繁殖及死亡后的分解作用，要消耗大量的氧，降低了水中的溶解氧含量，从而形成厌氧条件，造成水质恶化。化肥施用造成的另一个严重后果是污染地下水，化肥除地表流失外，还会随水流失，化肥中的硝酸盐和亚硝酸盐随土壤内水流动，或透过土层经淋洗损失进入地下水。大量使用磷肥，也会引起地下水中镉离子等的升高。使用钾肥，则使地下水化学类型变得复杂化。

化肥对土壤的污染。首先，重金属和有毒元素有所增加，直接危害人体健康，产生污染的重金属主要有Zn、Cu、Co和Cr。从化肥的原料开采到加工生产，总带进一些重金属元素或有毒物质。另外，化肥的不当使用也会引起土壤板结，耕作性能变差等后果。

那么，有没有办法可以打破化肥与环境的僵局，让化肥与环境和谐共处呢？

强化环保意识，加强监测管理。加强教育，提高群众的环保意识，使人们充分意识到化肥污染的严重性，调动广大公民参与到防治土壤化肥污染的行动中。注重管理，严格化肥中污染物质的监测检查，防止化肥带入土壤中过量的有害物质。制定有关有害物质的允许量标准，用法律法规来防止化肥污染。

增施有机肥，改善理化性质。施用有机肥，能够增加土壤有机质、土壤微生物，改善土壤结构，提高土壤的吸收容量，增加土壤胶体对重金属等有毒物质的吸附能力。可根据实际情况推广豆科绿肥，实行引草入田、草田轮作、粮草经济作物带状间作和根茬肥田等形式种植。另外，作物秸秆本身含有较丰富的养分，推行秸秆还田也是增加土壤有机质的有效措施，绿肥、油菜、大豆等作物秸秆还田前景较好，应加以推广。

普及配方施肥，促进养分平衡。根据作物需肥规律、土壤供肥性能与肥料效应，产前提出施用各种肥料的适宜用量和比例及相应的施肥方法。推广配方施肥技术可以确定施肥量、施肥种类、施肥时期，有利于土壤养分的平衡供应，减少化肥的浪费，避免对土壤环境造成污染。

应用硝化抑制剂，缓解土壤污染。硝化抑制剂又称氮肥增效剂，能够抑制土壤中铵态氮转化成亚硝态氮和硝态氮，提高化肥的肥效和减少土壤污染。据河北省农科院土肥所贾树龙研究，施用氮肥增效剂后，氮肥的损失可减少20% ～ 30%。由于硝化细菌的活性受到抑制，铵态氮的硝化变缓，使氮素较长时间以铵的形式存在，减少了对土壤的污染。

多管齐下，改进施肥方法。深施氮肥，主要是指铵态氮肥和尿素肥料。据农业部统计，在保持作物相同产量的情况下，深施节肥的效果显著；氮铵的深施可使利用率提高31% ～ 32%，尿素可提高5% ～ 12.7%，硫铵可提高18.9% ～ 22.5%。磷肥按照旱重水轻的原则集中施用，可以提高磷肥的利用率，并能减少对土壤的污染。还可施用生石灰，通过调节土壤氧化-还原电位等方法降低植物对重金属元素的吸收和积累，还可以采用翻耕、刻土深翻和换土等方法减少土壤重金属和有害元素。

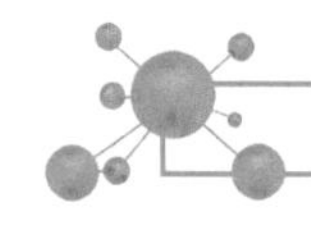

第2节　化学农药——想说爱你不容易

1. 读懂农药

“国以民为本，民以食为天，食以安为先”，近年来，人们一提到农药，马上色变，唯恐避之不及。社会上有关农药对生态环境、对人体健康的种种“恶行”已广为流传。然而，我们生活的方方面面都已和农药息息相关，与其谈“药”色变，不如先了解农药的相关知识，知己知彼，才能科学看待。

什么是农药？

农药是指农用的防治病虫害的药剂，还包括提高这些药剂效力的辅助剂、增效剂等。农药在农业生产上的应用，有效力高、见效快、使用简便等优点。要使农药发挥其应有的作用，做到安全、合理地使用农药，就必须了解农药的种类、性质、应用范围及使用方法和安全使用的注意事项。

农药的分类是什么?

按照农药的组成成分可分为化学农药、植物性农药和微生物农药等。化学农药又分为无机农药、有机农药和矿物油农药。无机农药由天然矿物原料制成，不含有机碳素化合物，如石硫合剂、硫酸铜等。有机农药由碳素化合物构成，主要以有机合成原料（苯、醇、脂肪酸、有机胺）制成，如敌百虫、乐果、托布津等。矿物油农药由石油、煤焦油与乳化剂配制而成，如石油乳剂等。植物性农药是从植物中提取的药剂，如除虫菊、鱼藤酮、硫酸烟碱等。微生物农药是利用微生物及其所含物质来防病虫害的药剂，如抗生素、白僵菌、杀螟杆菌等。

按照用途可分为杀虫剂、杀菌剂、杀鼠剂、除草剂等。其中有许多药既可杀虫又可以灭菌。杀虫剂又可分为触杀剂、胃毒剂、熏蒸剂、内吸杀虫剂等。触杀剂是通过接触进入虫体，使害虫中毒死亡，如敌敌畏、速灭杀丁等。胃毒剂是药物被害虫吃食后，经肠胃吸收，中毒死亡，如敌百虫等。熏蒸剂是气化后由呼吸道进入虫体毒杀的，如溴甲烷等。内吸杀虫剂能被植物吸收，并在体内传导，分布植物全身，害虫取食植物组织和汁液时中毒死亡，如乐果等。

杀菌剂是一种对真菌和细菌等病原菌有抑制或杀灭作用的药剂。主要有非内吸型和内吸型两种。非内吸型药剂使用后，能杀除植物表面的病菌，并在植物表面覆盖，使植物免受病菌或病原物的侵染，起保护作用，所以常用于预防，如波尔多液、硫酸铜、百菌清等；内吸型药剂能从表皮渗入组织，制止病原菌的继续扩展，并消除病原物的危害，起治疗作用，如多菌灵、甲基托布津、乙磷铝等。

农药的剂型有哪几种?

农药的剂型有粉剂、可湿性粉剂、乳剂、水剂、颗粒剂、胶体剂及混合制剂等。

农药如何使用?

农药的使用方法有喷雾、喷粉、泼浇、拌浸种、毒饵、毒土、土壤处理、涂抹等多种。

2. 农药，无处不用

（1）为农业保驾护航

随着全球人口不断增加，农药是确保粮食供应的必要手段之一。在美国，使用杀线虫剂可使甜菜增产175%、大豆增产91%；在菲律宾，使用除草剂使水稻增产50%；在巴基斯坦，甘蔗栽培中使用杀虫剂后可提高30%的产量；在非洲加纳，使用杀虫剂后能使可可的产量翻三番。我国是农业大国，农药更有用武之地。农药在农作物病虫草鼠害防控中的贡献率达到70%～80%，年挽回经济损失3500亿元以上。我国发生农作物病虫草鼠害种类约1700多种，造成严重危害约有100多种，重大生物灾害年发生面积60亿～70亿亩。据测算，如果不采取防控措施，可能造成我国粮食产量年损失2200多亿斤，油料370多万吨，棉花200万吨以上，果品和蔬菜上亿吨，潜在经济损失5000亿元以上。这些数字不看不知道，一看吓一跳，农药的作用不可替代。

种植结构的改变，同样需要农药。食品结构的改变，需要大量的饲料，而饲料作物在种植中同样会受到病虫草害的侵袭，也必须使用农药予以防治。以美国为例，全美玉米年消费量约2.5亿吨，其中60%左右耕田用于饲料作物种植。

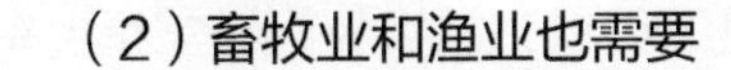

（2）畜牧业和渔业也需要

畜牧业也广泛使用农药。用途之一是用做兽药，如用做洗羊的消毒水，治牛蝇叮咬的药膏、虱子药、芥癣药。用来杀死牲口圈飞虫和其他有害昆虫并用来防治它们滋生。常用的兽药有甲萘威，用于杀死和防治牲口身上的跳蚤和虱子；敌杀磷，是一种有机磷杀虫剂，用于杀死和防治寄生于牲口皮肤上的扁虱、壁虱等血吸虫；乙硫磷，也是一种广谱有机磷杀虫剂，用在牛身上；马拉硫磷，也是一种有机磷杀虫剂，用于杀灭牲口身上的虱子、跳蚤和芥癣，家里的蚊虫，农业建筑物如马厩的害虫等。毒杀芬和敌百虫也是用于杀灭牲口身上昆虫的除虫剂。林丹一般用于木材防腐，也用于畜牧业，例如灭牲口体外寄生物的药粉就含有它的成分。

渔业目前应用农药越来越多，但是渔场使用农药对环境的影响尚知之不多。近年来，近海时兴用笼养鱼，时间久了产生恶臭，不易散去，影响渔业生产，渔民使用农药氧化钙、氯、氢氧化钠和碘消灭（一种碘的溶液）类消毒，去臭，保持清洁。

（3）森林的“啄木鸟”

农药广泛用于森林管理。森林苗圃和森林种植园在种树之前要预先除草，树苗幼小时也要使用除草剂帮助除草。树长成后，要整体喷洒农药除虫，或者整个地区喷药，或者某一地点喷药。林场常用林丹和氯菊酯除虫，树木砍倒后也用尿素和某种农药来处理树桩。

在砍伐后的林场场地种针叶树容易受到冷杉昆虫和某种甲虫的侵袭，在某些情况下，刚种下的针叶林会100%受到损伤。当甲虫的侵袭不能被准确预报时，林场工人将所有的小针叶树浸入装有林丹或氯菊酯的罐中，然后在长凳上放平，使沾在表面上的农药液流走，再种植成林。

（4）休闲场地的守护者

城市越来越讲究良好生态环境，国家公园、街心公园、社区花园、休闲草地、运动场、人行道草坪等的维护管理都需要农药杀虫除草。高尔夫球场的草地就更讲究，需要农药。高速公路正反向之间的草坪隔离带，两侧的绿化带的管理也需要农药。在喷洒的农药中有除草剂，其中数量最大的是阿特拉津和西玛津。

此外，作为城市的肺，树木和草皮的种植面积越来越扩大，经常看到有喷农药车给路旁的树木喷杀虫剂，进行维护。我国城市市政园林局是使用农药的大户。

（5）交通离不开

立交桥畔、高速路旁、公墓园、公园里，闹市街头常有休闲草地，草长得一般高（不希望一下子长得太高）、一般艳绿，光靠自己长，难以取得上述的视觉效果。必须使用生长调节剂，使他们长得慢一些，齐一些。高尔夫球场和保龄球场上的草的生长调节就更加严格了，还有修饰树篱、种植观赏花草等，也要使用生长调节剂。

（6）木材防腐用处大

农药可以杀菌和除去食木虫，用于木材防腐。一百年来，木材防腐工业常将室外用的木材几乎做整体预处理。铁路枕木、木电线杆、码头木桩等使用前先用金属盐、黑色杂酚油和砷化物浸泡，可以使使用寿命延长许多年。近年，随着合成杀菌剂、杀虫剂和有机溶剂的大量生产，木材防腐已进入室内，用来对人们的居室和办公室进行灭菌消毒。

使用最广泛的木材防腐化学品是杂酚油；狄氏剂，仅用于预防腐处理，作为灭白蚁用；五氯酚、三丁基锡氧化物、林丹既用于木材防腐的预处理，也可以装修时用。有的防腐剂为低污染农药，如氯菊酯和硼化物，常用于卧室等处。

（7）城市居家的帮手

许多人认为农药只用于农业，和城里人的日常生活无关。这真是大错特错了，实际上农药现已悄悄地进入家庭。培植庭院花草要用农药；居室内喷洒杀虫剂以灭蚊蝇；高高悬挂灭蝇或灭蚊纸以灭蚊蝇；用在宠物狗猫身上灭虱子、跳蚤；洒在居室地板周围灭蟑螂、杀蚁和杀老鼠；洒在地毯上杀螨。

为了安全，家庭用的农药浓度较低，毒性较小，包装也不大。

3. 那些年关于农药的误读

观点一：农药都是很毒的

我们不否认，某些传统农药的确有很高的毒性或残留性，如甲基对硫磷、甲胺磷和有机氯杀虫剂等。但是，随着新农药的不断开发，也随着社会的发展和进步，一些有不良作用的农药逐步被禁用、淘汰。近年来上市的杀虫剂绝大多数品种均属低毒或微毒，并正逐步取代一些传统的杀虫剂，成为杀虫剂市场的主体。

观点二：农药会致癌

曾经有一些农药被发现有致癌、致畸、致突变的现象，如除草剂2，4，5-涕、杀虫剂中的杀虫脒等，这些农药已经被禁用。目前市售的农药则都是在经过大量试验，被确认无“三致”作用后才进入市场。一旦发现某农药会有“三致”危险，则立即被禁止使用，马上从市场中清理。

观点三：农药会影响环境

绝大多数农药为化学或生物合成物质。一种农药问世前，要经过大量的试验，除了毒性试验外，还包括对环境影响的试验，如对土壤生物和水生生物等环境影响的试验。即使对过去的农药，在欧盟等地区也必须重新进行审查试验。例如对于二嗪磷、毒死蜱，因神经毒性问题分别在美国被禁止或限制使用，最近，又把至今唯一的有机氯杀虫剂硫丹列入禁限名单。总之，对于对环境有不良影响的农药都会进行禁限。

不能否认，一些传统农药会影响环境，故而在进行禁、限同时，人们正在积极开发高效、安全、与环境相容性好的新农药。在杀虫剂中，开发了专门针对昆虫体内特有物质的杀虫剂。在杀菌剂中，开发了一批提高作物自身免疫力的抗病激活剂等。对除草剂，在不断开发具有新作用机制或位点的新药剂以及开发效果更佳、副作用更少的手性拆分农药等。这些新药剂的开发均是以减少对环境的影响为目的。

4. 农药残留知多少

农药残留指在农药使用后残存于生物体、农产品及环境中的农药母体，以及具有毒理学意义的衍生物，如代谢物、转化物、反应物和杂质。残存的农药数量成为残留量，一般都是微量级的，以每千克样本中的毫克数（mg/kg）表示。

农药的残留量到底有多大呢?

其实，在作物生长过程的不同阶段，农药残留量是不同的。刚施用农药时残留量最大，但经过自然降解和生物降解，在农产品收获时的残留量是微量的，通常每千克农产品中仅存有毫克或微克以下。科学合理地使用农药，农产品中的农药残留风险是可以接受的。

为确保农产品安全，我国对农药生产和使用实行登记管理制度。所有农药产品在上市前要经过严格的科学试验和风险评估，在确保安全的前提下取得登记许可，才允许在农业生产中使用。

如何对待蔬菜、水果中的农药残留?

合格的农产品不会对健康产生危害，我们没必要采取专门的措施对蔬菜、水果上的农药残留进行处理，建议采用正常的洗菜和烹饪手段就可以。臭氧可以杀菌，但去除农药残留效果不大。采用清水洗蔬菜和水果，再加上去皮、切根、热烫、煎炒或烹炸处理后食用是安全的。为防止买到农药残留超标的农产品，建议购买蔬菜水果时选择正规市场，优先选择绿色食品、有机食品或无公害农产品认证的产品。

能否消除农药残留?

任何国家都无法做到农产品中农药零残留，减少农药残留并确保农产品安全是各国农业和农药管理的目标。应正确认识农药残留问题，相信在农业技术人员的指导、生产者的合理使用以及有关部门的监管下，农产品农药残留能控制在可接受的风险内，我们舌尖上的安全可以得到保障。

5. 走近植物生长调节剂

什么是植物生长调节剂

植物在生长发育过程中，除了需要阳光和热量，本身也会产生调节生长的微量有机物质，这些物质称作植物激素，也叫植物内源激素。这种激素能

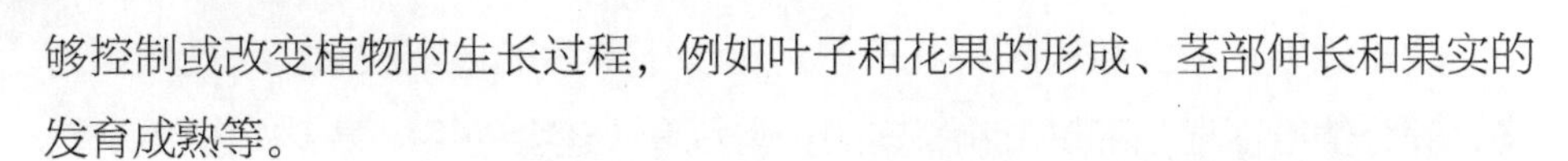

够控制或改变植物的生长过程，例如叶子和花果的形成、茎部伸长和果实的发育成熟等。

植物本身产生的内源激素量很小，而且还会受到温度、湿度等很多因素的影响，在大规模农业生产中，有时不能满足植物生长发育的需要。于是人们使用化学合成或生物发酵等方法，生产出具有类似植物激素功能的物质，这类物质被称为植物生长调节剂。目前，植物生长调节剂已广泛应用在世界农业生产中。国外已有100多个品种商品化生产，我国允许使用的品种约有40个，常用的有乙烯利、赤霉酸、复硝酚钠、多效唑等，主要用在蔬菜、果树、棉花、烟草、水稻、小麦、玉米和大豆等作物上。

植物生长调节剂是如何管理的?

在我国，植物生长调节剂是作为农药管理的，上市前需要进行产品登记并获得生产许可。申请的植物生长调节剂产品需要进行一系列的科学试验，包括产品质量、人体健康、环境安全、使用效果和残留检测等。只有经科学评价证明对人类、畜类和环境安全，同时效果良好，才能取得登记。此外，生产植物生长调节剂必须取得相关部门的许可。企业要严格按照标准进行生产，接受有关部门的监督检查，出厂产品要进行检验，合格后才能上市销售。在使用过程中，农业科学家研究制定了一系列技术规范，以保障植物生长调节剂的安全使用，产品标签上标有使用范围、使用期限、用法用量和安全间隔期等指导信息，技术人员会通过多种方式帮助农民科学合理使用。

植物生长调节剂能做什么?

保花保果　冬春季节，我国长江以北地区在温室大棚内种植番茄。室内经常出现15℃以下低温，加之没有昆虫授粉，番茄结果容易受到影响。这时，就需要用植物生长调节剂来保花保果。

调节成熟度　有些水果成熟后还须经过后熟、软化、脱涩才能食用，如柿子、猕猴桃、香蕉和芒果等。生活中，大家会把柿子、猕猴桃等水果与成熟的苹果放在一起，就是利用苹果释放出的乙烯加速成熟软化。成熟的香蕉容易腐烂，因此在未成熟时便采摘销售，然后使用乙烯利调节香蕉的成熟度，便可以让大家在任何地方、任何时间都可以品尝到可口的香蕉。

疏花疏果　大多数果树开花量都远远多于最后的果实数量，开花结果过多，养分供给不足，不仅影响果实的正常发育，还会使果树易受冻害和病害，造成第二年减产。人工疏花疏果不仅费时费力，而且成本高昂。因此，生产中常用植物生长调节剂来疏花疏果。

促进生根　林业生产上常用植物生长调节剂来刺激插条生根，提高生根的速度；促进移植后的植株生根，提高移栽成活率；促进压条生根，通过浸泡插条繁殖不生根或极难生根的品种。

防止倒伏　倒伏是影响作物产量的主要问题之一。小麦等禾谷类作物在生长后期，遇上较大的风雨容易出现倒伏，尤其是高秆品种。植物生长调节剂可以有效控制作物徒长，降高防倒，增加产量。

防衰保鲜　植物生长调节剂可用于延长水果、蔬菜、花卉的保鲜期，减缓其衰老、变质和腐烂，提高产品品质，减少在运输和储藏过程中的损失，保证人们能在一年四季吃到新鲜的水果、蔬菜，欣赏来自远方的各种鲜花。

植物生长调节剂不会影响农产品安全

植物生长调节剂处理过的农产品是安全的，毒性低、用量小（使用浓度一般在百万分之一数量级）、易降解，一般在蔬菜水果的开花、生果期使用，3～10天内就可以完全降解，不存在残留超标的问题，更不会在人体内累积。多年来的监测结果显示，我国从未出现过植物生长调节剂残留超标的现象。

植物生长调节剂被误会的那些事儿

膨大剂风波　2011年5月，有媒体报道称：有销售黄瓜的小贩自曝，不少头顶黄花、身上带刺的黄瓜都是被抹过激素和避孕药的。这种黄瓜被称为“激素黄瓜”。引起市民恐慌，担心吃了这种黄瓜会导致不孕，孩子吃了会引起性早熟。2011年5月，江苏丹阳曝出西瓜开裂事件，媒体报道说西瓜开裂的原因是果农使用了西瓜膨大剂。2013年12月，网络热传一组果农用膨大剂泡猕猴桃的照片，并声称使用膨大剂后的果实味道变淡、口感差，不利于长时间储藏，同时可能造成儿童发育不良、痴呆等后果，让不少消费者不敢吃猕猴桃了。

专家解惑　黄瓜长成后仍带花，是由于使用了植物生长调节剂，延长了花期和保鲜期，这和避孕药无关。西瓜爆炸的真实原因是品种及天气极端变化等综合因素，与使用膨大剂没有直接关系。在猕猴桃幼果期用植物生长调节剂蘸泡果实，可以增加产量，改善口感，其安全性已得到国际组织及发达国家的认可，大家熟知的新西兰猕猴桃，在生长过程中也使用植物生长调节剂。

乙烯利风波　2011年，某电视台栏目曝光了一些“非法”食品添加剂案例。其中提到市场上大多数香蕉都是被一种乙烯利的催熟剂催熟的，这种物质会导致儿童性早熟。该节目一经播出，香蕉价格立刻大跳水。

专家解惑　乙烯利的使用方式是遇水后产生乙烯气体，进而发挥作用。乙烯利在香蕉上的使用获得了登记许可，不存在非法使用问题。人体不存在乙烯利受体，因此不可能引起儿童性早熟。另外，美国环境保护局的报告指出，人们日常饮食中摄入的乙烯利含量适宜，不会引起身体任何变化，也不会损害健康。其实，我们生活中吃到的苹果、芒果、木瓜等大多数瓜果自身都产生乙烯，促进自我成熟。由于香蕉、芒果等水果必须采摘青果才能长途运输，所以上市前使用乙烯利，可以调节水果成熟节奏，达到新鲜上市的目的。

6. 你身边的农药——卫生杀虫剂

卫生杀虫剂是什么?

卫生杀虫剂是农药的一类，是用于室内和公共卫生环境，有效防治蚊、蝇、蟑螂等有害生物，保护人们身体健康的特殊商品。主要包括两大类：一类是消费者直接使用的产品，包括蚊香、杀虫气雾剂、电热片蚊香、电热液体蚊香、杀蟑饵剂、驱蚊花露水、驱蚊液、驱蚊乳等；另一类是由专业人员使用的产品，包括悬浮剂、水乳剂、可分散粒剂等，这类产品一般都需要兑水稀释使用。

选用卫生杀虫剂秘籍

一看包装，注意包装要完整，标签或使用说明书规范、印刷清晰。

二看“三证”，“三证”是指农药登记证号或临时登记证号，生产许可证或批准文件号，产品标准号。不购买无“三证”或“三证”不全产品。

三看有效成分，不购买未标注有效成分中文名称和含量的产品。

四看生产日期，要购买保质期内的产品。

卫生杀虫剂的毒性有多少?

根据《农药管理条例》规定，卫生杀虫剂产品标签上应当注明产品毒性级别。所以说，没有毒性级别的产品标签是不符合要求的。我国卫生杀虫剂产品按动物急性毒性试验结果进行分级。目前，我国登记的、直接使用的卫生杀虫剂的毒性均为低毒或微毒，按照说明书正确合理使用一般不会危害人类健康。

如何正确使用电热蚊香片

电热蚊香片中含有杀虫剂，尽管它的毒性很低，但也要尽量减少直接接触，如果接触要及时洗手。在密闭和通风条件较差的室内使用时，要注意适时换气，一次使用时间不超过8h。使用时，应尽量远离床头放置。尽量远离易燃品，如纸箱、木质家具等，以免发生火灾。老年人、病人、过敏体质者宜采用蚊帐或物理方法防蚊。

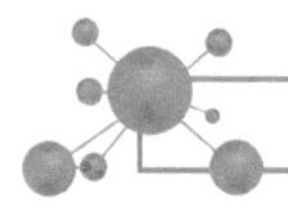

第3节　食品添加剂——天使还是魔鬼

食品添加剂是现代食品工业的灵魂

食品业内人士常说这样一句话，“食品添加剂是食品工业的灵魂”，但有关食品添加剂的负面说法却总是不断冒出来刺激公众敏感的神经。这种截然相反的现状让消费者无形中对食品添加剂的安全性产生了担忧和误解。食品添加剂到底是天使还是魔鬼?

1. 食品添加剂是什么?

根据1962年FAO/WHO世界食品法典委员会（CAC）对食品添加剂的定

义，食品添加剂是指：在食品制造、加工、调整、处理、包装、运输、保管中，为达到技术目的而添加的物质。食品添加剂作为辅助成分可直接或间接成为食品成分，但不能影响食品的特性，是不含污染物并不以改善食品营养为目的的物质。2008年6月1日实施的《食品安全法》中规定："食品添加剂，指为改善食品品质和色、香、味以及为防腐、保鲜和加工工艺的需要而加入食品中的人工合成或者天然物质"。营养强化剂、食品用香料、胶基糖果中基础剂物质、食品工业用加工助剂也包括在内。凡是不在《食品添加剂使用标准》（GB2760）名单中的物质都不是食品添加剂。

按常用添加剂的功能可以将其归纳为以下几类。

★为改善品质而加入的色素、香料、漂白剂、增味剂、甜味剂、疏松剂等。

★为防止食品腐败变质而加入的抗氧化剂和防腐剂。

★为便于加工而加入的稳定剂、乳化剂、消泡剂等。

★为增加食品营养价值而加入的营养强化剂，如维生素、微量元素等。

我国的食品添加剂品种相对比较少，美国有4000种左右，日本也比我们多。我国的食品添加剂标准和国际食品法典委员会制定的国际标准是比较接近的。我国的食品添加剂里有一多半是香料，而很多国家不把香料当食品添加剂管理。

2. 食品添加剂是必须使用的吗？

食品添加剂大大促进了食品工业的发展，给食品工业带来许多好处，其主要作用如下。

① 有利于食品的保藏，防止食品败坏变质

防腐剂可以防止由微生物引起的食品腐败变质，延长食品的保存期，同时还具有防止由微生物污染引起的食物中毒作用。如：抗氧化剂可阻止或推迟食品的氧化变质，以提供食品的稳定性和耐藏性，同时也可防止可能有害的油脂自动氧化物质的形成。此外，还可用来防止食品，特别是水果、蔬菜的酶促褐变与非酶褐变。这些对食品的储藏都具有一定意义。

② 改善食品的感官性状

食品的色、香、味、形态和质地等是衡量食品质量的重要指标。适当使用着色剂、护色剂、漂白剂、食用香料以及乳化剂、增稠剂等食品添加剂，可明显提高食品的感官质量，满足人们的不同需要。

③ 保持或提高食品的营养价值

在食品加工时适当地添加某些属于天然营养范围的食品营养强化剂，可以大大提高食品的营养价值，这对防止营养不良和营养缺乏、促进营养平衡、提高人们健康水平具有重要意义。

④ 增加食品的品种和方便性

现在市场上已拥有多达20000种以上的加工食品可供消费者选择，尽管这些食品的生产大多通过一定包装及不同加工方法处理，但在生产过程中，一些色、香、味俱全的产品，大都不同程度地添加了着色、增香、调味乃至其他食品添加剂。正是这些众多的食品，尤其是方便食品的供应，给人们的生活和工作带来极大的方便。

⑤ 有利食品加工制作，适应生产的机械化和自动化

在食品加工中使用消泡剂、助滤剂、稳定剂和凝固剂等，可有利于食品的加工操作。例如，当使用葡萄糖酸 δ 内酯作为豆腐凝固剂时，可有利于豆腐生产的机械化和自动化。

⑥ 满足其他特殊需要

食品应尽可能满足人们的不同需求，糖尿病人不能吃糖，则可用无营养甜味剂或低热能甜味剂，如三氯蔗糖或天门冬酰苯丙氨酸甲酯制成无糖食品供应。

3. 为什么一种食品要用到多种食品添加剂?

近些年出现的“一支雪糕有19种添加剂”,“25克蛋糕含17种添加剂”等一系列报道，最终形成的结论就是“中国人每天吃近百种添加剂”。其实这意味着要达到生产工艺和口感的要求，需要*N*种食品添加剂，仅此而已。比如一个五颜六色的雪糕，可能需要几种不同颜色的着色剂，而奶白色的雪糕不加着色剂。但它之所以成为口感绵软滑腻的雪糕，还是拜乳化剂、增稠剂所赐。

从另一个角度说，各大食品企业的研发部门都在竭尽所能寻找最合理的配方，既满足工艺需要、符合消费者的口味需求，又能控制成本。

按国家标准的要求食品添加剂的使用原则：不应对人体产生任何健康危害；不应掩盖食品本身或加工过程中的质量缺陷或以掺杂、掺假、伪造为目的；不应降低食品本身的营养价值；在达到预期目的前提下尽可能降低在食品中的使用量。

4. 使用多种食品添加剂是否安全?

通俗地说，“剂量决定毒性”。食品添加剂的安全性归根结底是要看用了多大的量和吃了多少，而和使用的品种数量没有必然联系。只要符合标准的要求，食品添加剂的安全性是有保障的。实际上，多种食品添加剂的复合使用，往往产生事半功倍的“协同效应”，会大大降低食品添加剂的总使用量。

对食品添加剂安全性的评价就已经考虑了“大量”的问题，这个“大量”可以形容为“把食品添加剂当饭吃”。通过动物实验得到不产生任何不良影响的剂量，再除以保护系数（一般是100倍），作为对人体安全的剂量。而“长期”更是以“终生”、“每天”的长度和强度来衡量，加上上述的保险系数，作为制定标准的科学依据，因此只要按标准使用，其安全性不足为虑。

5."不含防腐剂""零添加"的食品更安全?

理性认识"纯天然"、"无添加"

不知从何时开始,"纯天然"这一名词忽然很时髦。食品、保健品是"纯天然"的,药品也是"纯天然",连化妆用品、洗发精也都标榜自己是"纯天然"的。商场里,不少食品在说明书上都纷纷表白"本品不含防腐剂、添加剂",而且这样的产品格外畅销。一般消费者认为"不含防腐剂"、"零添加"更安全,商家也瞄准了这一点,使用这样的描述来迎合消费者的心理。

其实,"纯天然"一说的流行是缘于很多人对食品添加剂缺乏科学的认识,总认为化学合成的物质会影响健康,吃了对身体不好。实际上,食品添加剂是食品生产中十分重要的一环,每家每户中的酱油、味精、食盐等其实都属于食品添加剂的范畴。

正确认识防腐剂

例如防腐剂主要是用来防止食品腐败变质,否则有些食品还未出厂就坏掉了,甚至还可能产生毒素。从这一角度讲,防腐剂使我们的超市货架更丰富,也使我们的食品更安全。而且凡是国标允许使用的防腐剂都经过安全性评价,规范使用不会给消费者的健康带来损害。

也有一些食品天然就不需要添加防腐剂,因为它们不会给腐败微生物提供宜居环境来"生儿育女",比如蜂蜜(高糖)、方便面饼(干燥)、腌渍食品(高盐)等,因此这些食品声称"不含防腐剂"完全是一种营销策略。

真的有"零添加"吗?

至于"零添加"就更不靠谱了。首先,完全不使用食品添加剂的食品在现代食品工业环境下已经很难找到,至少整个加工工艺链条中完全不使用加工助剂几乎不可能。其次,规范使用食品添加剂本来就有保障安全的作用,"零添加"绝不可能在安全性上变成"优等生"。

6. 食品添加剂中的隐形功臣

① 日日相见的防腐剂

日常生活中，从调味品中的酱油、果酱，到各类糕点、饮料及各种加工食物、包装食物中都少不了添加防腐剂。防腐剂可以防止食物腐败变质，有时也可以防止食物中毒之类问题的产生。这些无疑是有益于消费者健康与安全的。

在食品生产中，就以一些人常挂在嘴边的防腐剂山梨酸及山梨酸钾来讲，它们能有效地抑制微生物的生长繁殖，防止食物腐败变质，延长保质期。山梨酸属于不饱和脂肪酸，可以参与人体的正常代谢，分解为二氧化碳和水，适量使用对人体是无害的。但如果真是“不含防腐剂”，就无法保证食物在保存过程中不变质，而食物的腐败变质对人体的危害才是应值得注意的。但防腐剂都是由人工合成的，使用不当会产生一定副作用，长期过量摄入绝对会对身体健康造成损害。

② 增稠剂的作用?

“食物的酸、甜、鲜多是添加剂‘调’出来的。”食物能有好的口感，如现在食品有良好的弹性，爽滑的口感，其中就少不了添加剂的功劳。食品增稠剂通常是指能溶解于水中，并在一定条件下充分水化形成黏稠、滑腻溶液的大分子物质。以食品中常用的来自于动物的增稠剂“明胶”和来自于植物的“海藻酸钠”为例，明胶虽然被称为“胶”，但其实是从动物身体上提取的含有多氨基酸的蛋白质。因为源自天然原料，安全性高，目前广泛应用于食品等行业中，除了对食品品质的提高发挥重要作用外，还兼具美容之功效。

海藻酸钠又名海带胶，是由海带中提取的天然多糖碳水化合物，作为增稠剂广泛应用于食品、医药行业。褐藻酸钠不仅是一种安全的食品添加剂，而且可作为仿生食品或疗效食品的基材，因为它实际上是一种天然纤维素，可减缓脂肪糖和胆盐的吸收，具有降低血清胆固醇、血中甘油三酯和血糖的作用，可预防高血压、糖尿病、肥胖症等现代病。它在肠道中能抑制有害金属如锶、镉、铅等在体内的积累，正是因为褐藻酸钠这些重要作用，在国内外已日益被人们所重视。

7. 认准QS标志（生产许可）

购买食品时要认准QS标志。消费者最好去大型场所，选择食品时要多注意观察，不要盲目购买拿不准的食品；消费者有权要求销售场所提供第三方公证机构出具的食品合格报告以及厂家出具的厂检报告。而需要注意的是，厂检报告是批检，消费者查看时要对照食品包装袋上的生产日期。同样买东西的时候，好好看看上面的原料说明。在购买食品时，最好选择正规商场，挑选优质、信誉较好的生产厂家的产品，因为这些产品通常能够严格执行国家关于食品添加剂的管理规定。而那些地下作坊生产出的相当一部分产品是滥用了食品添加剂的，若长期大量摄入这样的食品对人体有害无益。另外，在选购食品时，一定要看其有无卫生许可证、合格证、卫生监督检测部门的检验报告书。同时要注意食品外观或味道有无异常，如有疑点暂不要购买。

8. 热门食品添加剂事件解读

信息时代，有关食品安全的各种言论散播极快，作为普通消费者，对于涉及自己切身健康的问题异常关注。民以食为天，食品安全关系到全国13亿多人“舌尖上的安全”，关系广大人民群众身体健康和生命安全。让我们一起来解读近年来食品添加剂的热门事件，这其中，不少都是食品添加剂“躺枪”事件。

NO.1　鸡肉产品抗生素残留超标

事件：吉林省食品药品监督管理局2016年4月份公布的食品抽检不合格产品信息中，有6批次鸡肉产品抗生素残留超标。

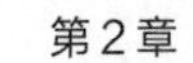

解读：2016年11月14～20日是第二个世界提高抗生素认识周，世界卫生组织发布“慎重对待抗生素”的话题，意在引起人们对抗生素的认知和重视。抗生素是一种神奇的药物，它从曾经致命的感染中拯救了数百万人的生命，使得复杂的手术不再困难。另外，其在畜牧和水产业及动物防疫方面的广泛应用，提高了生产效率，降低了生产及治疗成本，对保障食品安全起到了重大的作用。

然而，由于抗生素滥用误用，已使得其耐药性成为全球面临的最大威胁之一。抗生素是一把双刃剑，用好了福济众生，用不好祸及众生，所以慎重对待抗生素是我们每个人必须关注和参与的事情。

养殖业滥用抗生素虽然难对消费者造成直接伤害，但它引发抗药菌高速进化，导致超级细菌诞生。在农业、食品生产、加工和销售等领域的规范生产对食品安全非常重要，但是最关键的是要解决抗生素耐药性问题，特别是最大限度减少抗生素耐药性通过食物链向人类传播；另外，由抗生素耐药性生物引起的食源性疾病在食品安全中更为严重，持续的时间更长。

抗生素并不属于食品添加剂，但人们总把它归到食品添加剂中，人们的脑海中，只要是人为添加到食品中的物质就是食品添加剂。从而，又让食品添加剂背了黑锅。

NO.2 胶水牛排

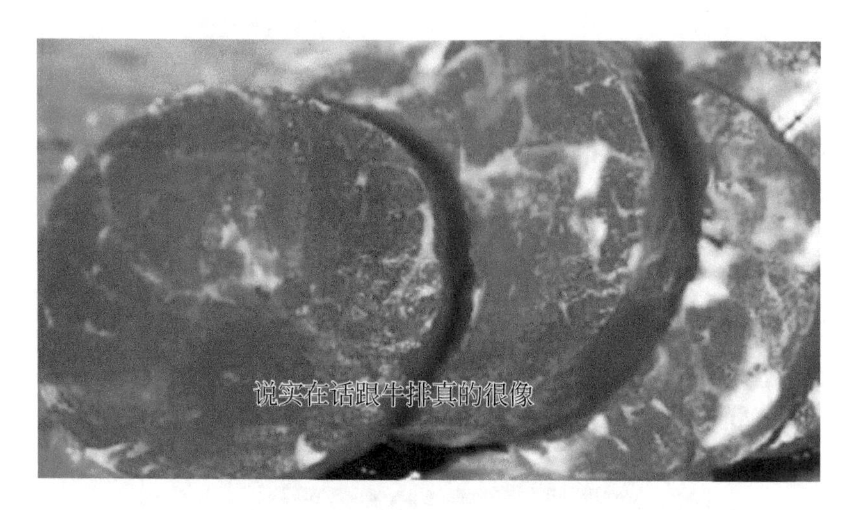

事件：2016年12月，有媒体报道称，澳大利亚肉类市场出现大量用碎牛肉加肉胶合成的牛排，并揭秘了这种“合成牛排”制作的整个过程。上海某电视台在节目中播出，市场中出售的牛排其实是用碎牛肉和食品添加剂拼接而成。该节目的播出，迅速引发了媒体的广泛关注，并有多家媒体进行了跟进报道。

解读：从新闻报道看，媒体使用“次品肉块+肉胶”、“全球行业内的潜规则”两个关键词，利用普通消费者缺乏相关食品工程的专业知识，同时在人们谈“食品安全”色变的年代，很容易引起消费者的围观和议论。上海市食品添加剂和配料行业协会声明指出，该节目报道影响了卡拉胶、TG酶甚至食品添加剂行业和食品工业产业链的发展。

其实，所谓的“胶水牛排”，其专业术语称为“重组肉”，是20世纪60年代发展起来的一种食品加工技术，初衷是为了提高剔骨肉及碎肉的利用率（因为这些肉由于加工及品质上的原因无法被完全利用）；新闻报道中提到的使用“谷氨酰胺转氨酶（TG酶）”就是利用酶催化肉的肌原纤维蛋白和其他蛋白质分子之间发生交联的原理，黄原胶、卡拉胶都是合法的食品添加剂，按照《食品添加剂使用标准》（GB2760）的要求是允许按需求添加的，并且规定卡拉胶不得用于生鲜肉（包括牛排）中，但可用于重组类的肉制品中，且必须在产品包装的标签上明确标注，在规定的限量内使用卡拉胶不存在食

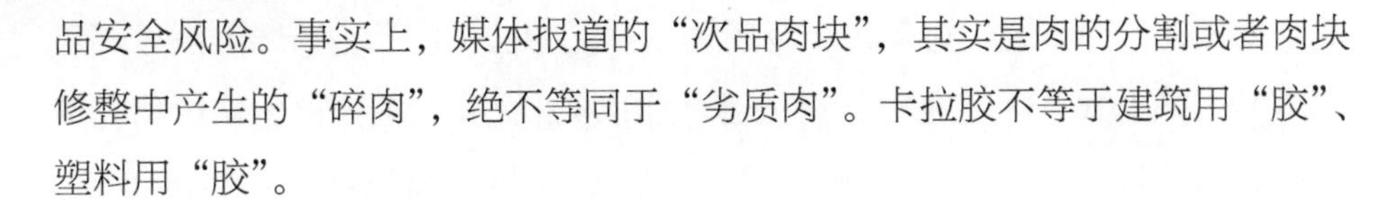

品安全风险。事实上，媒体报道的“次品肉块”，其实是肉的分割或者肉块修整中产生的“碎肉”，绝不等同于“劣质肉”。卡拉胶不等于建筑用“胶”、塑料用“胶”。

对于调理肉制品的选购，专家提出了三点建议。

第一，严厉打击商业欺诈行为。用“重组牛排”冒充原切牛排，原料中含有鸡肉、猪肉等原料，但未按规定进行标识，或者掺入非食用级别的成分，都是违法行为，相关部门要对此进行严厉打击。

第二，消费者在选购牛排时，可通过配料表来区分原切牛排和“重组牛排”。如果标签中有配料表，出现其他辅料和食品添加剂的，则可能为“重组牛排”。

第三，科学膳食，关注卫生安全。消费者日常要有意识地不断提升自己的饮食习惯，在食用“重组牛排”时，要充分熟化后再食用。

NO.3　活鱼下架都是孔雀石绿惹的祸

事件：超市买不到活鱼的“怪象”引起了热议。为何下架，原因却不明，一种说法是水质污染，另一种说法是突击检查，超市下架为躲检查。还有一种说法则是抽检不合格，有关部门检测到了“孔雀石绿”等违禁药品。

解读：抛开此次停售活鱼的原因不谈，活鱼养殖使用孔雀石绿早已是旧闻，却长期禁而不止，近年来市场所售水产品中被检出孔雀石绿的消息却层出不穷，如2016年8月24日就有报道，北京3批次淡水鱼被检出禁用药孔雀石绿。随后该三批次产品被要求下架、召回。而国家食药监总局2016年8月25日公布的不合格名单中，陕西、辽宁、山东共计10批次水产品也都被检出孔雀石绿。

问题来了，到底什么是孔雀石绿？原来，孔雀石绿是一种带有金属光泽的绿色结晶体，又名碱性绿、盐基块绿、孔雀绿，其既是杀真菌剂，又是染料，易溶于水，溶液呈蓝绿色；溶于甲醇、乙醇和戊醇。在养殖过程中用它可以预防鱼的水霉病、鳃霉病、小瓜虫病等。为了确保鳞片受损的鱼延长生命，在运输过程中和存放池内，也常使用孔雀石绿。

20多年前，很多国家把孔雀石绿作为“好东西”来推广，但后来，科研结果表明，孔雀石绿具有高毒素、高残留和致癌、致畸、致突变等副作用，鉴于此，许多国家将其列为水产养殖禁用药物。2002年，我国农业部门将其列入《食品动物禁用的兽药及化合物清单》，禁止在食用动物中使用。近15年过去了，孔雀石绿却从未在市场上消失，隐蔽地被用于活鱼经营的各个环节。如何肉眼辨别“孔雀石绿水产品”？专家说，由于孔雀石绿具有高残留性，使用过孔雀石绿的鱼体表颜色呈浅蓝色，有些经浓度较大孔雀石绿溶液浸泡过的鱼，甚至会呈青草绿色，通过观察鱼鳍、鱼鳃可以辨别。一般情况下，鱼鳃是鲜红色且不会附有脏物，但孔雀石绿溶液浸泡过的鱼鳃因失血过多而发白，或因出血而带有瘀血，呈紫红色。使用孔雀石绿后的鱼即使死亡后，鱼鳞也会闪闪发光，颜色较为鲜亮，仿佛刚死一般，消费者很难从外表分辨，这大大增加了死鱼出售的概率。而没有加入孔雀石绿的鱼鳞早已没有光泽。

孔雀石绿就是非法食品添加物，这一事件又使食品添加剂背了黑锅。

NO.4　含铝假海蜇丝

事件：2016年5月7日杭州媒体曝出湖州警方在当地农贸市场查获大量（10多吨）假海蜇丝，所谓的“海蜇丝”全是由海藻酸钠、硫酸铝铵（俗称铵明矾）、无水氯化钙三种食品添加剂人工合成，已经在市场销售一年多了。经

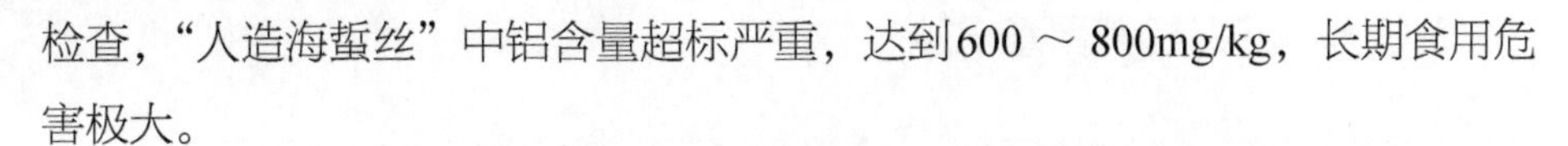

检查，“人造海蜇丝”中铝含量超标严重，达到600～800mg/kg，长期食用危害极大。

解读：人造海蜇从食品加工行业来看，可以算作仿生食品，所谓的仿生食品，是通过食品技术手段用普通食品原料和食品添加剂模拟天然食品的营养、风味和形状。但是如果为了追求更好的品质，过量添加食品添加剂，仿生食品只能是百害而无一利。天然海蜇皮富含胶原蛋白、糖蛋白、氨基多糖等营养物质，而人造海蜇多采用海藻酸钠、氯化钙等，并没有什么营养，只是模仿天然海蜇的口感和外观。

问题核心在于，假海蜇丝铝超标食品添加剂的滥用。联合国粮食及农业组织和世界卫生组织联合食品添加剂专家委员会在2006年重新评估“铝化合物”的安全性，通过动物测试认为铝可能影响动物的生殖及发育神经系统，规定铝的安全剂量为，每千克体重每周摄取上限为1毫克。以一位体重在65千克的青年人为例，一周铝摄取的最高量不超过65毫克，如果以海蜇中铝残留量在600毫克/千克计算，一周内食用海蜇的量不超过100克才是安全的。

在购买海蜇的时候，要擦亮眼睛，懂得鉴别真假。一看颜色：真海蜇丝呈淡黄色、乳白色，人造海蜇丝为透明的白色。二闻气味：真海蜇丝有一股浓郁的海腥味，而人造海蜇没有气味，甚至有时还会有化学药品的味道。三扯质感：真海蜇丝撕扯容易碎裂、扯断；人造海蜇丝经过撕拉不易扯断，有胶质感。

掌握这3招儿您照样可以愉快放心地享用鲜美的海蜇，以后在购买的时候可以一抓一个准儿，让假冒产品露出破绽。

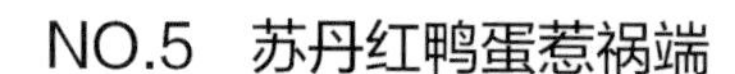

NO.5 苏丹红鸭蛋惹祸端

事件：据央视《每周质量报告》2006年11月12日报道，在北京市场上，一些打着白洋淀“红心”旗号的鸭蛋宣称是在白洋淀水边散养的鸭子吃了小鱼小虾后生成的。但当地养鸭户却表示，这种红心鸭蛋并不是出自白洋淀，正宗白洋淀产的鸭蛋心根本不红，而是呈橘黄色，主要吃玉米饲料。随后调查得知一些养鸭户和养鸭基地，在鸭子吃的饲料里添加了一种“红药”，这样生出来的鸭蛋呈现鲜艳的红心，而且加得越多，蛋心就越红。当地人都把这种加了红药的蛋叫“药蛋”，自己从来不吃。经过中国检验检疫科学院食品安全研究所检测，结果发现这些鸭蛋样品里含有偶氮染料苏丹红Ⅳ号，含量最高达到了0.137毫克/千克，相当于每公斤鸭蛋里面含有0.137毫克。苏丹红分为Ⅰ、Ⅱ、Ⅲ、Ⅳ号，都是工业染料，有致癌性。苏丹红Ⅳ号颜色更加红艳，常作为工业色素用于鞋油、涂料等，毒性也更大。国际癌症研究机构将苏丹红Ⅳ号列为三类致癌物。

由此，一场声势浩大的查禁“苏丹红一号”的行动席卷全国。广东亨氏美味源辣椒酱、肯德基新奥尔良烤翅、长沙坛坛香牌风味辣椒萝卜、河南豫香牌辣椒粉等食品相继发现了“苏丹红一号”。根据国家质检总局公布的数据，全国共有18个省市30家企业的88个样品中都检测出了“苏丹红一号”。

解读："苏丹红一号”并非食品添加剂，而是一种人造化学染色剂，全球多数国家都禁止将其用于食品生产。“苏丹红一号”具有致癌性，对人体的肝肾器官具有明显的毒性作用。它属于化工染色剂，主要用于石油、机油和其他的一些工业溶剂中，目的是使其增色，也用于鞋、地板等的增光。我们日常食用的可能含有“苏丹红一号”的产品包括泡面、熟肉、馅饼、辣椒粉、调味酱等。苏丹红具有致突变性和致癌性，苏丹红一号在人类肝细胞研究中显现可能致癌的特性。但目前只是在老鼠实验中发现有致癌性，对人体的致癌性还没有明确。苏丹红是一种化工染色剂，在食品中添加的数量微乎其微，就剂量而言，未必足以致癌，市民不必过于恐慌。少量食用不可能致癌，引起癌症也没有明确的科学依据。市民不用因为吃了一点就担心致癌。

NO.6　三鹿“三聚氰胺奶粉”事件

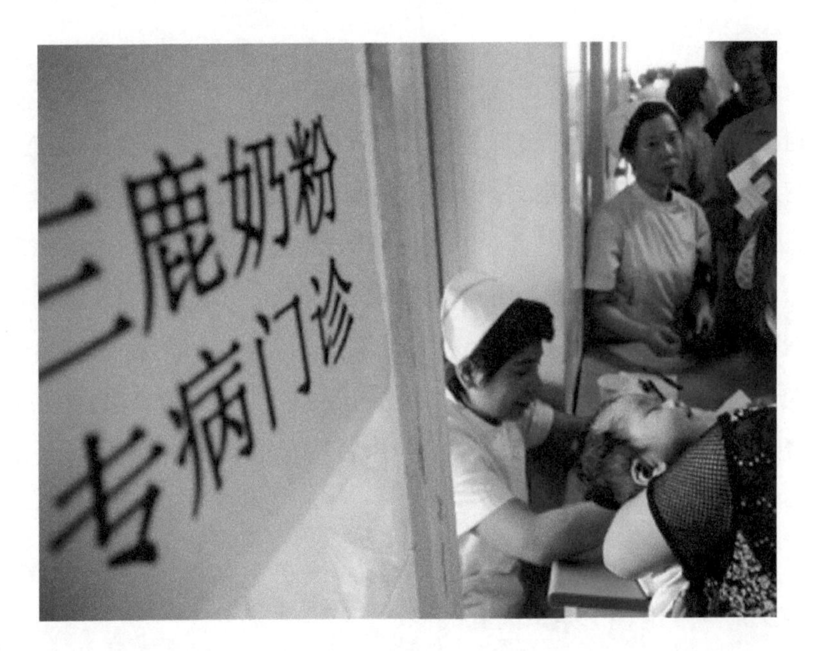

事件：2008年6月28日，兰州市的解放军第一医院收治了首宗患“肾结石”病症的婴幼儿。家长反映，孩子从出生起，就一直食用河北石家庄三鹿集团所产的三鹿婴幼儿奶粉。7月中旬，甘肃省卫生厅接到医院婴儿泌尿结石病例报告后，随即展开调查，并报告卫生部。随后短短两个多月，该医院收治的患婴人数，迅速扩大到14名。9月11日，除甘肃省外，中国其他省区都有类似案例发生。经相关部门调查，高度怀疑石家庄三鹿集团的产品受到三聚氰胺污染。三聚氰胺是一种化工原料，可导致人体泌尿系统产生结石。同日晚上，三鹿集团发布产品召回声明，为对消费者负责，该公司决定立即从市场召回约700吨奶粉产品。

9月13日，卫生部证实，三鹿牌奶粉中含有的三聚氰胺，是不法分子为增加原料奶或奶粉的蛋白含量，而人为加入的。三鹿毒奶案由2008年12月27日开始在河北开庭研审，2009年1月22日宣判。总共有6个婴孩因喝了毒奶粉死亡，逾30万儿童患病。三鹿停产后已宣告破产。

解读：三聚氰胺不是食品原料，也不是食品添加剂，禁止人为添加到食品中。三聚氰胺作为化工原料，可用于塑料、涂料、黏合剂、食品包装材料的生产。资料表明，三聚氰胺可能从环境、食品包装材料等途径进入到食品中，其含量很低。

但这次问题奶粉中检测出的含量较大的三聚氰胺是一些不法分子为了牟取暴利，人为向奶粉中添加的，用以提高奶粉中的氮含量，假冒蛋白质。奶粉中的蛋白质含量不容易检测，因为蛋白质是含氮的，所以只要测出了奶粉中的氮含量，就可以推算出其中的蛋白质含量。三聚氰胺在业界被称为“假蛋白”。各个品牌奶粉中蛋白质含量为15%～20%，蛋白质中含氮量平均为16%。以某合格奶粉蛋白质含量为18%计算，含氮量为2.88%。而三聚氰胺含氮量为66.6%，是鲜牛奶的151倍，是奶粉的23倍。每100克牛奶中添加0.1克三聚氰胺，理论上就能提高0.625%蛋白质。因此，添加三聚氰胺会使得食品的蛋白质测试含量虚高。

NO.7 “瘦肉精”染黑肉制品

事件：2011年央视3·15特别节目曝光，双汇宣称“十八道检验、十八个放心”，但猪肉不检测“瘦肉精”。河南孟州等地添加“瘦肉精”养殖的有毒生猪，顺利卖到双汇集团旗下公司。而该公司采购部业务主管承认，他们厂的确在收购添加“瘦肉精”养殖的所谓“加精”猪。遭曝光后，因流入含有“瘦肉精”生猪的济源双汇食品有限公司已经被停产整顿，紧急召回涉案的肉制品和冷鲜肉，估计全部直接和间接损失将会超过100亿元，甚至可能接近200亿元。相关涉案人员也受到了法律的制裁。“瘦肉精”属于肾上腺类神经兴奋剂。把“瘦肉精”添加到饲料中，可以增加动物的瘦肉量。瘦肉精产销利益链：生产商成本每公斤1000元，售价为每公斤1200元左右。经销商：购进瘦肉精后，以每公斤2200元左右卖给饲料加工商。加工商：每吨猪饲料中加入20克左右瘦肉精，一个加工厂一个月可生产1吨这样的饲料。

解读：国内外的相关科学研究表明，食用含有“瘦肉精”的肉会对人体产生危害，瘦肉精的主要成分盐酸克伦特罗属于非蛋白质激素，耐热，使用后会在猪体组织中形成残留，尤其是在猪的肝脏等内脏器官残留较高，食用后直接危害人体健康。其主要危害是：出现肌肉震颤、心慌、战栗、头疼、恶心、呕吐等症状，特别是对高血压、心脏病、甲亢和前列腺肥大等疾病患者危害更大，严重的可导致死亡。人类食用含“瘦肉精”的猪肝0.25千克以上者，常见有恶心、头晕、四肢无力、手颤等中毒症状。含“瘦肉精”的食品对心脏病、高血压患者、老年人的危害更大。

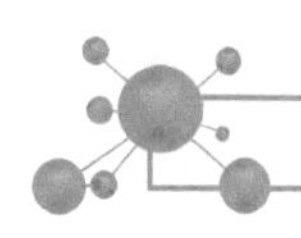

第4节　大数据——2014年我国化肥产业

【概述】2014年中国化肥整体处于供大于求状态，开工率普遍不高，出口比2013年有明显提升，但由于需求增长缓慢，所以市场竞争激烈，企业整合加剧，效益下降。总之，2014年是化肥企业生存艰难的一年，化肥价格回落到了十年前，基本与2004年持平。

【生产】生产能力继续增加，产量首现降势。尽管“十二五”规划期间因生产能力过剩严重，国家原则上不再批准新建氮肥和磷肥项目，但由于“十一五”规划期间化肥市场形势较好，企业积极性较高，新立项项目较多，而化肥项目建设周期较长，一些装置延续到“十二五”规划期间才能投产，所以2014年化肥行业仍有新增生产能力，特别是钾肥行业青海盐湖新建项目和新疆罗布泊钾盐项目的投产提高了中国钾肥的自给率；同时氮肥和磷肥行业生产能力退出的速度也在加快，生产能力基本持平。2014年，中国新增尿素生产能力约490万吨/年，退出尿素生产能力500万吨/年，新增钾肥生产能力37万吨/年，磷肥生产能力与2013年持平。到2014年年底，中国化肥总生产能力达到8273万吨/年（折纯，下同），比2013年增长0.4%。其中，氮肥5300万吨/年，磷肥2350万吨/年，钾肥623万吨/年。

2014年中国化肥产量　　单位：万吨

产品名称	2013年	2014年	2014/2013增长/%
化肥总计	6981.9	6933.1	−0.7
氮肥（万吨N）	4816.1	4651.6	−3.4
尿素	3315.5	3217.8	−2.9
磷肥（万吨P_2O_5）	1649.2	1708.8	3.6
磷酸二铵	705.4	710.2	0.7

续表

产品名称	2013年	2014年	2014/2013增长/%
磷酸一铵	533.6	603.6	13.1
磷酸基NPK	169.4	167.0	−1.4
重钙	42.7	66.4	55.5
硝酸磷肥	6.9	4.4	−36.2
普钙和钙镁磷肥	191.2	157.0	−17.9
钾肥（万吨 K_2O）	537.6	610.5	13.6

2014年中国合成氨和尿素产量前10名企业　　单位：万吨

排序	合成氨		尿素	
	企业名称	产量	企业名称	产量
1	晋煤集团	1075	晋煤集团	1346
2	宜化集团	444	宜化集团	535
3	阳煤集团	288	阳煤集团	366
4	中石油	213	中石油	347
5	河南心连心	129	山西天泽	211
6	山西天泽	124	中海油	197
7	云天化	114	鲁西化工	154
8	鲁西化工	107	云天化	154
9	华锦	73	华锦	127
10	中煤集团	63	中煤集团	106

2014年中国磷肥产量前10名企业 单位：万吨

磷酸二铵		磷酸一铵		NPK复混（合）肥	
企业名称	产量	企业名称	产量	企业名称	产量
云天化集团	387.5	云天化集团	134.4	金正大	452.2
贵州开磷	231.7	湖北祥云	104.8	湖北新洋丰	256.2
瓮福集团	183.5	湖北新洋丰	68.0	史丹利	233.5
湖北宜化	134.6	安徽司尔特	63.5	施可丰	188.3
铜化集团	107.0	中化涪陵	62.7	江苏中东	175.1
云南祥丰	93.0	贵州开磷	59.3	江西开门子	137.5
湖北大峪口	82.4	瓮福集团	56.5	鲁西化工	129.0
广东湛化	48.1	湖北鄂中	51.0	铜化集团	117.8
湖北三宁	35.4	襄阳泽东	49.1	湖北鄂中	115.7
双赢集团	34.0	四川龙蟒	46.0	安徽红四方	101.5

2014年中国化肥消费量 单位：万吨

年份	化肥	氮肥	磷肥	钾肥	复合肥
2010年	5561.7	2353.7	805.6	586.4	1798.5
2011年	5700.0	2381.0	819.0	605.0	1895.0
2012年	5838.8	2399.9	828.6	617.7	1990.0
2013年	5911.9	2394.2	830.6	627.4	2057.5
2014年	5995.9	2392.9	845.3	641.9	2115.8

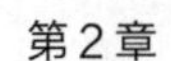

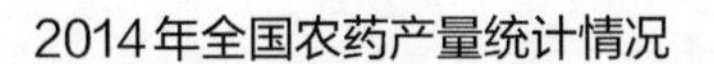

2014年全国农药产量统计情况　　单位：万吨

产品名称	全年累计	2014/2013 增长 /%	占总产量比例 /%
化学农药	374.4	1.4	100
杀虫剂	56.1	−4.8	−4.8
杀菌剂	23.0	−1.2	−1.2
除草剂	180.3	2.8	2.8

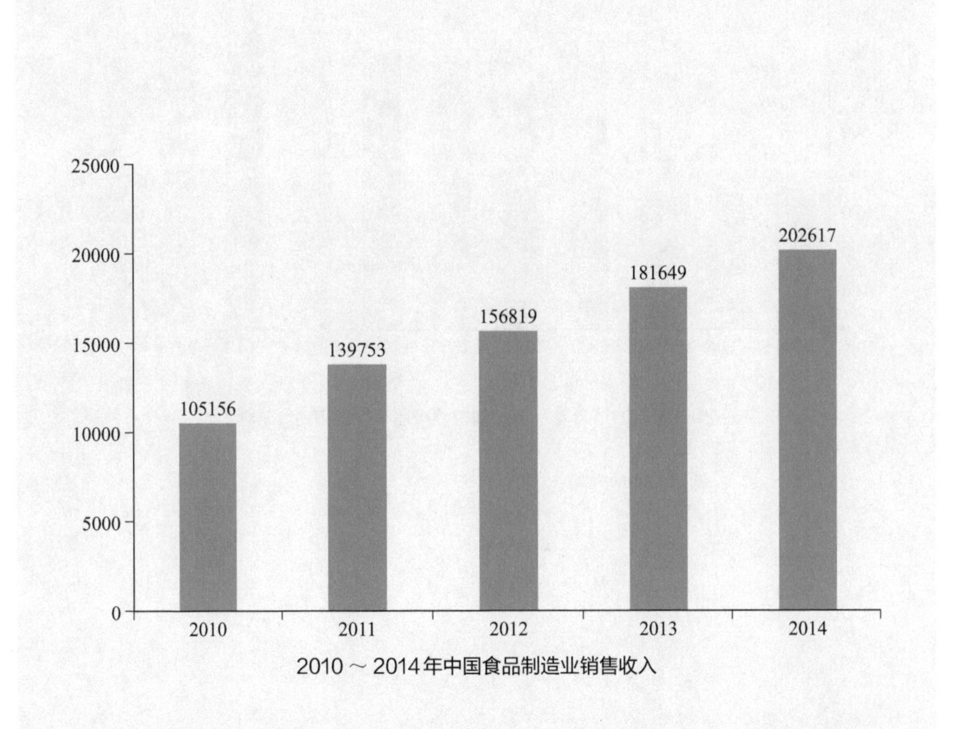

2010～2014年中国食品制造业销售收入

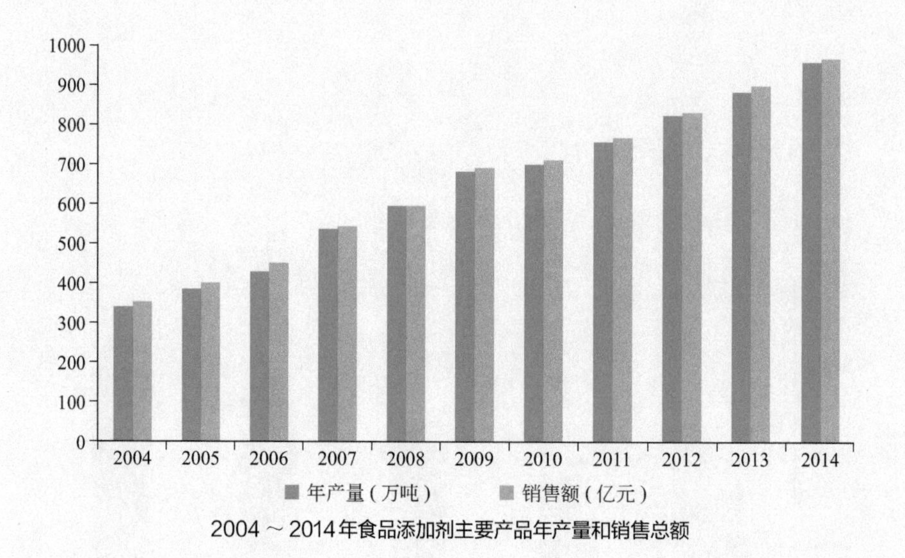

2004～2014年食品添加剂主要产品年产量和销售总额

第3章
住：化工筑造美好家园

建筑的基本要素是功能、材料和形象。在三大基本要素中，除使用功能是由生活方式和自然条件所决定外，其余因素在本质上都是由材料所决定的。

新型化工建筑材料，主要包括涂料、墙体材料、装饰材料、门窗材料、保温材料、防水材料、黏结和密封材料，是建立在技术进步、保护环境和资源综合利用基础上的新兴产业。一般来说，新型建材具有复合化、多功能化、节能化、绿色化、轻质高强化和工业化生产等显著特点。采用新型建材不但使房屋功能大大改善，还可以使建筑物内外更具现代气息，满足人们的审美要求。新型建材不但可以显著减轻建筑物自重，为推广轻型建筑结构创造条件，还能推动建筑施工技术现代化，大大加快建房速度。

各种合成树脂和塑料以其可塑性好、质量轻和耐腐蚀等特点，已从建筑内装饰件开始向结构件和功能件发展。在门窗、管道、地板、建筑模板、防水材料、建筑墙板、外墙支撑件、外墙保温板和塑料加强砖等领域，越来越多地代替了传统建材，成为除木材、金属、水泥以外的第四大建筑材料。

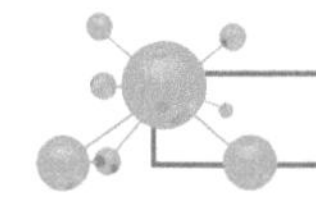

第1节　塑料门窗：化工建材的后起之秀

门窗作为现代建筑物围护结构中的两个部件，直接涉及采光和通风的优劣，并且与气候因素、建筑形式以及节能环保有着密切的关系。同时，在建筑的造型上，门窗无论对建筑物外立面处理还是室内装饰，都起着重要作用。因此门窗工程材料的选用，尤其是门窗的设计构造是否合理，对能否获得较为适宜的室内工作和生活环境，具有重要意义。

1. 艺术与实用完美结合之门

推拉门，意为推动拉动之门。起源于中国，并经中国文化传至朝鲜和日本。最初的推拉门只是用于卧室或者更衣间的衣柜，随着技术的发展与装修手段的多样化，从传统的板材表面，到玻璃、布艺、藤编、铝合金型材，从推拉门、折叠门到隔断门，推拉门的功能和使用范围不断扩展。在这种情况下，推拉门的运用开始变得多样和丰富。除了最常见的隔断门之外，推拉门广泛运用于推拉式户门、客厅和展示厅等。

推拉门的功能十分强大，不论是几平方米的卫生间，还是不规则的储物间，只要换上推拉门，再狭小的空间都不会被浪费。折叠式的推拉门甚至还能100%开启，不占一分空间。从使用上看，推拉门无疑极大地方便了居室的空间分割和利用，其合理的推拉式设计满足了现代生活所讲究的紧凑的秩序和节奏。从情趣上说，推拉式玻璃门会让居室显得更轻盈，其中的分割、遮掩等都是那么简单但又不失变化。在提倡亲近自然的今天，在阳台位置可以装上一道顺畅静音、通透明亮的推拉门，尽情享受阳光和风景。

深受消费者青睐的推拉门

塑钢推拉门具有很好的密封性和隔热性、整体不变形、表面不易老化的特点。因此，这种门特别适合风沙较大的北方地区，尤其在提高阳台利用率、确保阳台温度和干净的情况下，是家庭装修的首选产品。对室外噪声较大的住宅，最好能选用配中空玻璃或者双玻的塑钢门，其密封与隔音效果极佳。

在比较透明的厨房空间内，塑钢推拉门既不会造成油烟到处飞的现象，又增加了厨房的透明效果，不会让厨房空间看起来那么的压抑，做饭的心情也就变得愉快了。

2. 中国塑料门窗行业的发展历程

德国是世界上制造塑料门窗的鼻祖

1955年前联邦德国诺贝尔公司（Dynamit Nobel）开发成功塑料窗框用异型材，赫斯特公司（Hoechst）进而制造出聚氯乙烯塑料窗。经过六十多年的发展，塑料门窗严格按照节能法规与行业标准进行生产与管理，整个型材系统的设计与制造、门窗工艺直至五金及其他辅助配件的配置安装，均比较先进与完善。

德国是世界上最早制造塑料门窗的国家

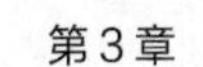

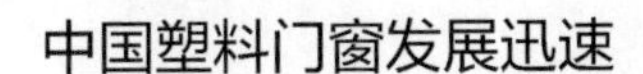

中国塑料门窗发展迅速

中国塑料门窗行业的发展，最早是从建筑科研机构开始的。1964年，天津市建筑科学研究所首先开发出了塑料门。其后，由天津现代塑料厂在自行设计和制造的挤出机组上加工生产，并在礼堂、办公楼及住宅中作内门试用，计1000幢左右。该塑料门是由硬聚氯乙烯树脂挤出中空异型材经过承插拼装而成。

我国建筑门窗市场占有率：1985年钢门窗占63.4%，铝门窗占4.8%，塑料门窗占0.3%，木门窗及其他门窗占31.5%；1995年钢门窗占39.1%，铝门窗占33.8%，塑料门窗占11.2%，木门窗及其他门窗占15.9%；2000年钢门窗占13.4%，铝门窗占40.4%，塑料门窗占25.5%，木门窗及其他门窗占20.7%。2002年塑料门窗在全国新建建筑市场占有率已达到35%。2010年东北三省、内蒙古等地的一些城镇，40%以上的新建住宅都使用了塑料门窗，青岛、大连80%以上的新建住宅使用了塑料窗。

从塑料窗的品种来看，除了引进欧洲风格的平开窗、下悬窗和美式的下提拉窗外，还自行研发了水平提拉窗、中悬窗和上悬窗。塑料门的开发，除了组装承插门、折叠门，还有泡板门和地簧门，以及后来引进的整板门和浮雕门。在生产工艺上，我国已实现双色共挤、双料共挤和软硬共挤，以及涂膜、印刷和喷涂等技术。塑料门窗的工艺技术已经基本接近国际先进水平。

3. 独占鳌头的塑料门窗

塑料门窗按材质分为聚氯乙烯（PVC）、玻璃纤维增强塑料（玻璃钢）和聚氨酯硬质泡沫塑料（PUR）三大类。PVC门窗，通过采取硬聚氯乙烯树脂与着色聚甲基丙烯酸甲酯或丙烯腈-苯乙烯-丙烯酸酯共聚物的共挤出，以及在白色型材上覆膜或者喷涂等技术手段，可以获得多种质感和不同表面色彩的装饰效果。此外也有在硬聚氯乙烯树脂粉中加入色料混合挤出的本体染色技术。玻璃钢门窗，一般采用国内自主开发的中碱玻璃纤维增强玻璃钢，型材表面经打磨后，可用静电粉末喷涂和表面覆膜等多种技术工艺，获得风格各异的外饰效果。我们通常说的塑料门窗就是聚氯乙烯塑料门窗。又因为在其内腔需要装配钢衬而被人们俗称为塑钢门窗。

聚氯乙烯塑料门窗所采用的异型材是以PVC为主要原料，再添加热稳定剂、抗冲改性剂、光屏蔽剂、紫外线吸收剂、加工助剂，通过挤出机和模具挤出成型为杆件（型材），杆件经过切割、低温和真空定型来实现增强改性的塑料异型材。杆件经过切割、在其内腔装配抗弯曲作用的增强型钢，经过钻洗、熔焊接成框再配装上密封条、五金件、配件以及玻璃等组装成的门窗产品。

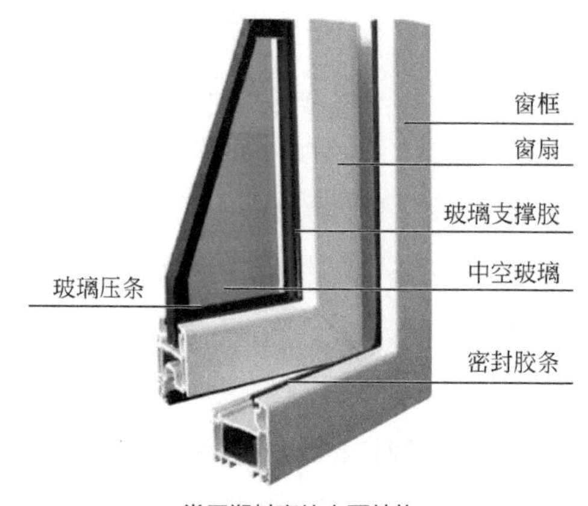

常用塑料窗的主要结构

抗风、耐冲击塑料窗

① 塑钢门窗的特点

抗风压强度佳、耐冲击。

耐候性能佳、使用寿命长：在−30～50℃，经受烈日、暴雨、风雪、干燥、潮湿之侵袭而不变质、不脆化、性能不衰。

隔热性能：塑钢门窗为多腔式结构，具有良好的隔热性能，其热导率甚小，仅为钢材的1/357、铝材的1/250，对具有暖气空调设备的现代建筑物更加适用。

气密性和水密性佳：PVC塑钢门窗加工精度高，框、扇搭接装配，各缝隙处均装有耐久性橡塑弹性密封条或毛刷条和阻风板，整窗气密性佳，防尘效果好。PVC塑钢门窗框材质吸水率小于0.1%。框扇缝隙处均装有弹性密封条或阻风板，防空气渗透和雨水渗漏性能佳。又因PVC塑料异型材为多腔室结构，设有独立的排水腔，并于窗框、扇适当位置开设排水槽孔，能将雨水和冷凝水有效地排出室外。

隔声性能：门窗都是由框、扇组成。在框和开启扇之间存在着开启缝隙，所以门窗的隔声性能不但取决于框扇材料的隔声材料，还依赖于框扇间缝隙漏声的程度。PVC塑钢门窗用异型材为多腔室中空结构，内部隔成数个充满空气的小空间，隔音效果佳，尤其适用于那些有临街窗户的家庭安装使用。

耐腐蚀性：硬质PVC材料有极好的化学稳定性和耐腐蚀性，不受任何酸、碱、盐雾、废气和雨水的侵蚀，耐腐蚀、耐潮湿、不朽、不锈、不霉烂，任何腐蚀性、潮湿性环境下均可使用。这是木质和金属门窗所不能比拟的。

防火性：硬质聚氯乙烯塑料属难燃材料，自燃温度为450℃，因此它具有不易燃、不自燃、不助燃、燃烧后离火能自熄的性能，防火安全性比木门窗高。空气中氧气的正常体积分数约为21%，硬质聚氯乙烯氧指数达到40%以上，说明PVC塑钢门窗不会因火灾而具有危险性。

电绝缘性高：塑料钢窗使用的硬质PVC电阻率高达1015Ω·cm，为优良的电绝缘材料，不导电，使用安全性高。

② 塑钢门窗的环保优势

以塑代木，可以节约大量的木材资源。截至2006年年底，我国的森林覆盖率仅为16.55%，和世界平均27%的森林覆盖率相比，还有相当大的差距，若与日本55%～60%的覆盖率相比，差距就更大了。据统计，我国每年约有2亿平方米塑料门窗竣工，若按1000平方米门窗折算8立方米木材计算，每年就可以节约160万立方米的木材。

塑料门窗的性能优势主要是节能。其节能集中反映在生产节能和使用节能这两个方面。从生产节能来讲，若按比率计，设定塑料型材消耗系数为1，则钢为4.5，铝为8.8。若按消耗量计，生产1吨塑料型材耗电仅0.1818万千瓦·时，而生产1吨铝型材就要耗电1.6万千瓦·时。两者相比可节约1.4182万千瓦·时。从使用节能来讲，使用1000平方米的塑料门窗，其保温效益等于节约4吨标准煤。

塑料门窗所以能大面积的推广应用，并逐步取代木制和铝门窗，和它的独特优势是分不开的。塑料门窗的色彩丰富，为建筑增添不少姿色。对于木制门窗，为了达到门窗与建筑外观和谐一致，多在门窗表面喷涂涂料，涂料遇紫外线容易老化剥落，用不了几年就面目全非，与建筑物的寿命很不协调。塑料门窗的使用完美解决了这个问题，彩色贴膜型材甚至可以做出以假乱真的木纹效果。另外，城市建筑特别是在闹市区的住宅，隔音已经成为选择门窗的主要条件。安装有中空玻璃、密封良好的塑钢门窗，具有卓越的隔音性能。塑钢门窗组装采用焊接工艺，加上封闭的多腔结构，因此对噪声的屏蔽作用十分明显。

4. 塑料门窗的发展方向

彩色塑钢异型材

目前市场上塑料异型材产量虽然很大，但基本上有一个共同点，即均为白色，色调单一，不能适应建筑墙面装饰多样化的要求。彩色塑钢异型材制成的塑料门窗色泽鲜艳，色调丰富，外形美观，不仅保留了塑料门窗的各项优异性能，还克服了塑料门窗颜色单一与某些型材质量性能不高的影响。加之耐候性的提高，对基材起到保护作用，彩色塑钢异型材将成为塑料门窗的一个发展方向。彩色异型材除覆膜外，其余是由双色共挤、静电喷涂、彩色喷涂、彩色印刷、热转印和全混六种不同工艺做成。不同的加工方法，有不同的经济技术水平、档次和效果。我国地域辽阔，各地区的气温与紫外线辐射量及辐射强度差异很大。究竟采取哪种加工方法生产彩色塑钢异型材，一定要根据不同地区的气候条件来决定。

彩色塑钢异型材成为今后塑料门窗的发展方向

塑料异型材配方实现高效、无毒和防菌

在严寒与寒冷地区，应适当增加抗冲击改性剂或采用新型抗冲击改性剂，以提高抗冲击性能。在炎热和紫外线辐射强度高的地区，应适当增加钛白粉、紫外线吸收剂的含量，以提高抗老化性能。采用钙锌稀土或有机锡稳定剂等无铅或低铅配方取代铅盐配方，可满足绿色环保的要求。推广应用银离子防菌配方，银离子与致病菌代谢硫的硫基结合，可使酶失去活性，从而使细菌不能代谢；银离子与致病菌中螺旋状的DNA结合，导致DNA的结构变性，使细菌遗传基因失活；银离子与细菌细胞壁上暴露的肽聚糖反应，形成可逆性复合物，阻止了病菌的活动，导致其死亡。

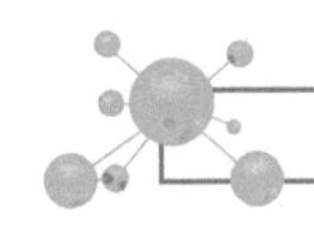

第2节　塑料管道：现代都市的生命线

在塑料建材中，塑料管道的开发时间最早，应用量也最大。1939年，英国铺设世界第一条塑料输水管线。此后，塑料管道发展迅速，不断替代金属管道或其它传统管道。20世纪70年代，国际上实现了塑料管材的标准化和系

列化，大大促进了各国塑料管材的生产和应用。80年代，全球塑料管道的市场需求保持了8%的年均增长水平，是其它各种管道增长率的4倍。1983年，中国第一根硬聚氯乙烯扩口管材在沈阳塑料厂诞生。

1. 古往今来的城市命脉

古罗马城排水系统

有着“永恒之城”美誉的古罗马城，除了我们大家都很熟悉的大剧院、斗兽场和万神庙，还拥有古代建造的排水沟渠。这就是公元前6世纪左右伊达拉里亚人使用岩石所砌的渠道系统。在古罗马城，还挖掘了排入台伯河的下水道，下水道的7个分支流经城市街道，最终汇入主道马克西姆下水道。加上闻名于世的高架引水渠，二者构成了古罗马城的给排水系统，保持着城市的卫生、清洁和健康。

中国古代排水系统

中国古代城市重视供排水沟渠建设是一个伟大的传统，古人善治沟渠，积累了丰富的经验。战国时期，城市中就采用了陶土烧制的地下排水道，称“陶窦”。这比欧洲中世纪城市仅靠明沟明渠排水更卫生。北京城兴建排水系统的历史，折射出我国古建文明的璀璨。明朝之前，元朝建设元大都时，就根据地形铺设了下水道，装置了排水设施。明朝建设北京城时，把下水道的

古代陶土烧制的水道

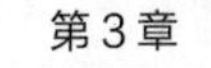

建设与皇城、城垣、街道的营建并列为四大工程。乾隆年间，专门设置了隶属于工部的“值年河道沟渠处”。乾隆五十二年（1787年）曾做过一次丈量，内城沟渠总长128633丈，其中，大沟30533丈，小巷各沟98100丈。1949年，全国有排水设施的城市为103个。1983年，据258个城市统计，排水管道总长度为26448千米。

给排水系统是现代化城市的重要基础设施，雨果在《悲惨世界》中说，下水道是“城市的良心”。如何经济技术地优化设计和改扩建城市的排水系统是一个重要的研究课题。从中长期发展角度看，我国的基础设施建设会逐步赶超发达国家的标准。以2002年德国、日本、美国三国的平均人均管长4.06米为标杆，以2012年城镇人口数为基础，计算得到我国的排水管网总长应达到281.19万千米，而2012年我国的排水管长度仅为42.56万千米，差距巨大。可见未来我国管网增长的空间巨大。

2. 性能优、品种多、特色鲜明

塑料管材按材质可分为硬质聚氯乙烯（UPVC）管、聚乙烯（PE）管、聚丙烯（PP）管、聚丁烯（PB）管、工程塑料（ABS）管、玻璃钢夹砂（RPM）管和钢塑复合（SP）管等。产品结构上，可分为实壁管、波纹管、肋筋管、缠绕管、发泡管和内螺旋管等。随着塑料管材应用领域的不断扩大，管材品种也在不断增加。除了早期开发的供排水PVC管材、化工管材、农田排灌管材以及燃气聚乙烯管材外，近几年还增加了PVC芯层发泡管材、双壁波纹管材、铝塑复合管材和交联PE管材等。在超高分子量聚乙烯管材、大口径排水用钢塑复合缠绕管材、塑料与金属复合管材等方面，我国已经具有国际先进水平。据不完全统计，我国塑料管道行业已经拥有超过1500项发明和实用新型专利，部分拥有自主知识产权产品在国际上处于领先地位。

与传统的金属管和水泥管相比，塑料管材的优势是重量轻，一般仅为金属管的1/10～1/6。有较好的耐腐蚀性，抗冲击和抗拉强度。塑料管内表面比铸铁管光滑，不结垢，摩擦系数小，流体阻力小，可降低输水能耗5%以上。综合节能好，制造能耗可降低75%。运输方便，安装简单，使用寿命长

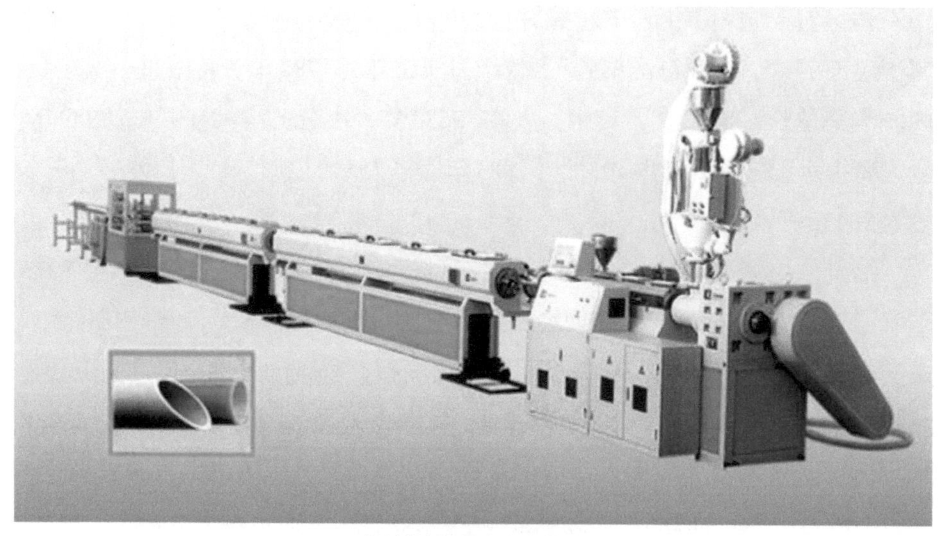

塑料管材的挤出生产装置

达30～50年。广泛应用于建筑给排水、城乡给排水、城市燃气、电力通信、光缆护套和消防等各项市政领域。

据有关部门统计，到2015年，在全国新建、改建、扩建工程中，建筑排水管道85%采用塑料管，建筑雨水排水管80%采用塑料管，城市排水管道的塑料管使用量达到50%，建筑给水、热水供应和供暖管85%采用塑料管，城市供水管道（公称直径在400mm以下）80%采用塑料管，村镇供水管道90%采用塑料管，城市燃气塑料管（中低压管）的应用量达到40%，建筑电线穿线护套管90%采用塑料管。

聚乙烯技术取得的重大突破，使聚乙烯管材具有独特的柔韧性和可熔性，成了一种新型绿色材料。聚乙烯管的技术创新主要有两点：一方面是材料有重大的进步，通过聚乙烯聚合生产工艺的改进，聚乙烯管材专用料的强度几乎提高了1倍；另一方面是应用技术有新的发展，例如不用开挖沟槽，采用定向钻孔方法铺设聚乙烯管的技术，充分发挥了聚乙烯管的优越性，使传统管材在适合采用这种方法的场合根本没有竞争能力。

该产品不但大量用来代替传统的钢管和铸铁管等，还正在取代聚氯乙烯管。目前，全球用量最大的塑料管材品种当属聚氯乙烯管。但聚乙烯管的增

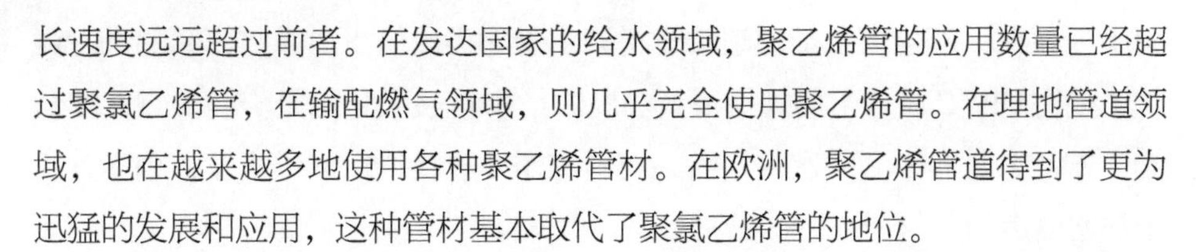

长速度远远超过前者。在发达国家的给水领域，聚乙烯管的应用数量已经超过聚氯乙烯管，在输配燃气领域，则几乎完全使用聚乙烯管。在埋地管道领域，也在越来越多地使用各种聚乙烯管材。在欧洲，聚乙烯管道得到了更为迅猛的发展和应用，这种管材基本取代了聚氯乙烯管的地位。

将玻璃纤维作为主要增强材料加入到聚丙烯中，可以显著提高管材强度，故称之为增强改性。在额定温度、压力状况下，这种管道可安全使用50年。这类管道能耐大多数化学品的腐蚀，可在很大的范围内承受pH值范围在1～14的高浓度酸和碱的腐蚀。在输送矿砂泥浆时，管道的耐磨性是钢管的4倍以上。最高使用温度在95℃左右，该产品的热导率仅为钢管的1/200，故有较好的保温性能。热熔接口的强度高于管材本体，接缝不会由于土壤移动或载荷的作用而断开。

3. 应用量大面广、身手不凡

市场上塑料管道通常是按照应用领域来分类的，某个应用领域可以选择不同的管道，同一种材料的管道也可以应用于多个领域。目前塑料管道在所有管道中的比例已达到40%，其应用领域将进一步拓宽。其中建筑市政及给排水管道、农用管道（含饮用水、灌排等）、护套用管等管道仍是主要的应用领域，其他领域的应用比例也在不断提高。

（1）建筑给水责任重大

塑料管道在建筑给水领域的应用一般分为三部分：生活用冷热水、散热器供暖和地板采暖。这三方面应用领域对塑料管道有共同的要求，即在合理的温度和压力使用条件下，管道能够保证50年的使用寿命。建筑内给水管道有许多品种，每一个应用领域都会有多种管道可以满足使用要求，每一种管道也往往被应用在多个领域。建筑用给水塑料管可按材料分为：硬质聚氯乙烯管、氯化聚氯乙烯管、高密度聚乙烯管、交联聚乙烯管、嵌段共聚聚丙烯管、无规共聚聚丙烯管和聚丁烯管以及耐热聚乙烯管。

① 在建筑给水领域使用的聚氯乙烯（PVC）管道主要有硬聚氯乙烯（UPVC）管和氯化聚氯乙烯（CPVC）管。UPVC管是一种以聚氯乙烯（PVC）

树脂为原料，不含增塑剂的塑料管材。由于无毒或低毒热稳定体系的开发成功，使得UPVC管的市场规模很大。PVC给水管最大特点是价格便宜，安装施工方便，可作生活用水供水管，但不宜作为直接饮用水供水管，也不宜用于热水管道。

CPVC管道所使用的原料由PVC树脂氯化改性制得，氯含量在60%以上，随着氯含量的增加，树脂密度变大，拉伸强度增高，熔融黏度也增高，具有优良的耐热、耐老化、耐化学腐蚀性能，刚性好，阻燃性优异。在卫生方面，溶出率低，不影响水质，无污染。CPVC管工作温度为−20 ～ 100℃。优良的特性使CPVC管应用范围非常广泛，不仅适用于输送生活用冷、热水，且可用于纯净水给水系统。

② 建筑内给水管道总量中，聚乙烯（PE）管道约十几万吨，占20%，其中多半是耐热聚乙烯（PE-RT）和交联聚乙烯（PE-X），其次则是铝塑复合管，主要应用在辐射采暖和地板采暖中。耐热聚乙烯（PE-RT）是一种可以用于冷热水管的非交联聚乙烯，由于具有独特的分子链结构和结晶构型，因此具有良好的柔韧性及加工性能，在高温条件下具有良好的耐静液压性能。PE-RT管和PE-X管都具有良好的耐高温性能，二者相比PE-RT管无须经过交联工艺，生产过程环节少，可热熔连接，热导率高，因此采暖效果较好。PE-RT管材具有良好的柔韧性，弯曲半径可以小到管道外径的5倍，具有聚乙烯的耐低温性能，冬季低温情况下施工不会出现“冷脆”现象，且材料可回收再利用。

③ 聚丙烯管材料主要分为均聚聚丙烯（PPH）、嵌段共聚聚丙烯（PPB）和无规共聚聚丙烯（PPR）三种。PPH低温抗冲击性差，目前已退出了冷热水管材市场。PPB管和PPR管主要用于建筑室内冷热水供应和地面辐射采暖。PPB管和PPR管的最大优点是可采用与管材相同的材料制造管件，采用一个简单的熔接装置就可实现熔融连接。

④ 高等规度聚1-丁烯（i-PB）具有突出的耐热蠕变性、耐环境应力开裂性和良好的韧性，适合于作管材、薄膜和薄板，尤其以热水管为最佳。PB管与目前国内作为热水管材料的PPR相比，在相同条件下，i-PB的长期使用环向应力承受能力更高、水流压力损失更小、抗蠕变强度和耐磨性能更

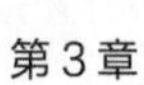

塑料管道，塑料管件和塑料检查井

佳，而施工性能与PPR相近。这种新型塑料管材在国外市场备受青睐，很多发达国家已经普遍使用，国内一些高档社区已开始使用，享有“塑料黄金”的美誉。

⑤ 铝塑复合管是具有五层结构的金属与塑料复合管材，中间层为薄壁铝层，外层为PE-X/PPR，内层为PE-X/PE-RT，铝管与聚乙烯之间以热熔胶黏合，通过高温高压挤出，五层多元复合成型。铝塑复合管是近几年在给水领域较广泛采用的一种新型管材，在复合管材大家族中具有一定的代表性。其优点为铝塑复合管材损耗小，盘管易运输、任意剪裁、价格较低、卫生耐腐、可弯曲敷设。

（2）建筑排水严密通畅

建筑内排水管道主要应用于建筑内污水废水的排放，绝大部分是架设在建筑内，少部分埋设在建筑结构内和地下。这个领域还包括雨水管，通常设置在建筑物的外墙外面。建筑内排水管领域（建筑排水）是国内塑料管道应用比较早、比较成功的领域。

与传统建筑的铸铁排水管道相比，塑料排水管有重量轻、施工方便、连接简单、可靠等显著的优点，再加上生产铸铁管道污染严重，能耗比较高，使得塑料排水管在建筑排水领域的应用比较成功。

① UPVC（硬质聚氯乙烯）管是以聚氯乙烯树脂为主要原料，添加稳定剂、润滑剂等助剂后挤压而成。UPVC排水管具有美观、重量轻、耐腐蚀、卫生安全、水流阻力小、施工安装方便、使用寿命长等特点，是目前国内大力发展和应用的塑料排水管道。

我国建筑排水塑料管道的主要品种是建筑排水用UPVC管道，市场上另外还有一些UPVC管的改进产品，例如芯层发泡管和螺旋消音管。其中芯层发泡管是为解决普通型UPVC排水管使用过程中噪声偏大而设计的。螺旋消音管是排水立管的专用管材，根据水流的特性其内壁设计成螺旋状，可以使水流保持螺旋状下落，在立管中央形成畅通的空气柱，因而通气性能好，比普通型排水速度快，还可降低管道系统的噪声。

② 国内正在推广新型的聚乙烯同层排水管道，主要用于高档住宅或者公

用建筑中，或者在屋顶面积很大的公共建筑中铺设“虹吸雨水排放”系统，使得建筑排水系统更加人性化、更加安全。同层排水系统管材可采用高密度聚乙烯（HDPE）排水管材和硬聚氯乙烯（UPVC）排水管材。对于隐蔽式安装的同层排水系统来说，由于PVC排水管材连接方式是采用胶水粘接，密封不可靠，存在漏水的隐患，所以推荐采用高密度聚乙烯排水管材。

③ 三层共挤出的PPB管道，中间层填充高比率无机物，可以起到良好的消音作用；并且耐热性能较好，更加适合厨卫排水用。

（3）埋地给水万无一失

从20世纪中期开始，世界各国在给水管网中都逐步应用塑料管来代替传统的管材。90年代前中国在室外给水管领域应用塑料管不多，经过近十年来的推广应用已经取得很大进展。

我国埋地给水管主要应用的塑料管道品种有PVC管道和PE管道系统。

① UPVC管材通常指未增塑PVC管材，根据不同用途及各种相关标准来选择管材的配方设计。对给水管主要考虑卫生性能和力学性能。UPVC给水管耐腐蚀性、耐药性优良；管壁光滑，摩擦系数极小，阻力小；机械强度高，易于黏合、价廉、质地坚硬等，在国内外都是最常用的给水管材之一。

PVC-M管是用增韧改性的聚氯乙烯塑料挤出成型的PVC管。与UPVC管材的挤出成型过程相同，都是直接挤出和机头口模直径一致的PVC管，成型过程中增加管材牵引速度，使其大于挤出速度，即进行轴向拉伸。轴向拉伸使聚氯乙烯分子发生拉伸取向，分子排列由无序转变为有序，PVC材料的力学性能由各向同性发展为各向异性，材料沿拉伸方向的强度大大增加，管材的轴向强度因此极大增加。由于PVC-M管用聚氯乙烯塑料经过增韧改性，故其韧性得到非常显著的改善，抗冲击、抗开裂性能好；同时保持了PVC-U管的高强度，并完全克服了UPVC的脆性。因此PVC-M管设计应力可以提高一些，并能节省30%材料和增加管径。

双轴取向聚氯乙烯（PVC-O）管材，是通过特殊的取向加工工艺制造的管材，这一加工工艺把由通常挤出方法生产的UPVC管材在轴向和径向拉伸，使管材中的聚氯乙烯长链分子在双轴向规整排列，获得高强度、高韧性、抗冲击、抗疲劳，性能远优于普通UPVC的新型PVC管材。PVC-O管材最早是英国在1970年开发的，后来澳大利亚、美国、荷兰和法国也相继研究生产。目前，PVC-O管材在英国、法国、荷兰等十几个国家的应用逐年递增，逐渐取代UPVC管材，而且应用范围也在逐渐扩大到UPVC和PVC-M无法胜任的地方。

② 虽然PVC管应用于室外给水管网的历史最久，但是根据世界各国的发展经验和实践，国际上聚乙烯管的发展速度明显快于PVC管。尤其是在室外给水管网领域正在越来越多地应用聚乙烯管，而且在不少地区给水管网领域应用聚乙烯管的数量已经超过PVC管。这主要是因为PE管具有卫生性好、利于环境保护、柔韧可熔接、铺设时方便经济和使用中安全可靠等优点。目前PE给水管已成为给水工程的主选品种。

（4）埋地排水不留隐患

埋地排水管的用途，是在重力的作用下，把污水（包括生活污水、生产污水）或雨水等，排送到污水处理场或江河湖海中去。一般在重力下输送，管内没有压力。因为埋在地下，需要承受外加的负载。

塑料埋地排水管的主要优点是：连接方便、可靠，不泄漏，可以防止污染环境。有足够的强度和刚度，管土共同作用下能够承受埋在地下的静（土）、动（车）负载。有良好的水力特性，排水通畅，不易堵塞。耐腐蚀、耐磨损，使用寿命长。便于铺设安装，施工土方量小，综合经济效益好。

塑料埋地排水管品种主要有UPVC、PE、PP、玻璃钢等材料的结构壁管和实壁管等。国内最初使用的是实壁塑料管道，但是由于结构壁管可以节省原料，降低成本，因此结构壁管，包括双壁波纹管、缠绕管等，已经成为大口径排水排污管道的主流产品。

① 在塑料埋地排水管诸多品种中，双壁波纹管在中小直径（200～800mm）排水管道市场占有优势；双壁波纹管结构合理，在同等直径，同样环刚度条件下，双壁波纹管管道米重最轻，材料成本最低，因此国内外的双壁波纹管的产量都占据中小直径塑料埋地排水管市场最多的份额。双壁波纹管依据所采用的材料不同，又有HDPE、PP和UPVC双壁波纹管三种。HDPE

结构壁管在低温韧性上有明显的优势，因此HDPE双壁波纹管逐渐成为国内塑料埋地排水管的主流产品而迅速发展起来。目前国内外市场中，PP双壁波纹管也在快速发展。聚丙烯（PP）的弹性模量大、刚性高、密度小，可降低生产成本和施工难度，基于大口径PP双壁波纹管具有PE双壁波纹管不可替代的优势，大口径PP双壁波纹管具有广阔的市场前景。

② 直径较大的埋地排水管出于对设备投资和成型困难的考虑，多数采用缠绕结构壁管。缠绕结构壁管又有塑料缠绕管和钢增强缠绕管之分。聚乙烯缠绕结构壁管根据国标GB/T19472.2有中空壁缠绕管A型和克拉管B型结构。克拉缠绕管首先是由德国KRAH公司开发的。KRAH管由于是在热状态下缠绕熔接成型，并且有聚丙烯小管加强，因此性能良好，连接采用电熔焊接也是比较可靠的。

③ 塑料检查井是以高分子树脂为原料，采用组合结构，通常由井座、井筒、井盖、盖座和混凝土支撑板等组成。分污水和雨水两种，污水井底部有光滑导流槽，雨水井底部设有沉泥室。井座采用一次性注塑成型。井筒采用中空壁PVC管材，可根据实际埋深截取相应长度。进出水管、井筒、井座之间采用橡胶密封圈柔性连接。井盖、井座避免路面荷载对检查井的破坏。

随着我国塑料埋地排水管道市场的成熟，原有的水泥或者砖砌的检查井由于和塑料排水管道连接容易发生泄漏，已经不能适应需求，因此根据国外的经验，国内开发了塑料检查井，并且制定了标准：CJ/T233—2006《建筑小区排水用塑料检查井》和CJ/T326—2010《市政排水用塑料检查井》，目前市场已进入高速发展阶段。

4. 依托新型高分子管材打造海绵城市

海绵城市，是指城市能够像海绵一样，在适应环境变化和应对自然灾害等方面具有良好的“弹性”，下雨时能够及时顺畅地吸水、蓄水、渗水、净水。在确保城市排水防涝安全的前提下，最大限度地实现雨水在城市区域的积存，并实现渗透和净化处理。需要时将收集、蓄存的水加以利用，既节约了珍贵的水资源，促进了雨水资源的充分利用，还保护和改善了城市的生态环境。

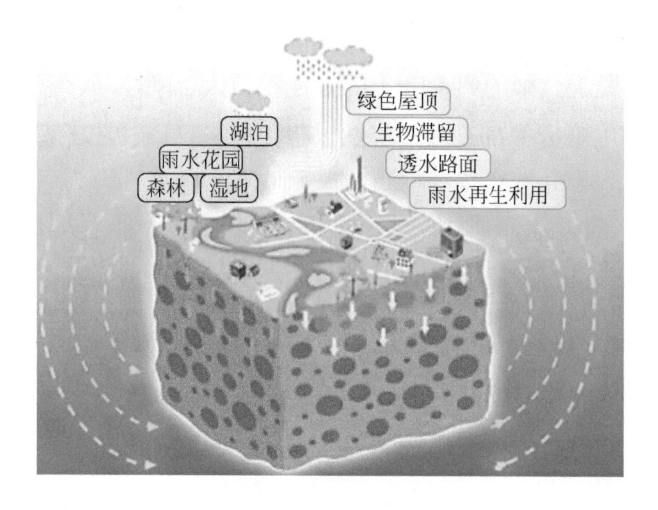

海绵城市水循环示意图

2011年，中国城镇化率首次超过50%，标志着我国从一个农业大国正式迈入城市化的工业大国。由于快速城镇化引发大规模的城市扩张，带来了一系列的生态环境问题，其中水生态危机尤为突出。当一些极端天气出现的时候，由于城市下垫面过硬，到处都是水泥，改变了原有自然生态本底和水文特征，再加上原来的排水等基础设施相对老旧，极易引发城市内涝。内城“看海”的景象，所付出的代价是众多遇难的生命和惨重的经济损失。

国务院办公厅2015年10月印发的《关于推进海绵城市建设的指导意见》指出，建设海绵城市，统筹发挥自然生态功能和人工干预功能，有效控制雨水径流，实现自然积存、自然渗透、自然净化的城市发展方式，有利于修复城市水生态、涵养水资源，增强城市防涝能力，扩大公共产品有效投资，提高新型城镇化质量，促进人与自然和谐发展。

海绵城市建设主要包含六大要素，为包括塑料管材在内的各种海绵城市材料的研发应用打开广阔前景。

第一是渗。改变各种路面和地面的铺装材料，改造屋顶绿化，将渗透的雨水储蓄在地下储蓄池内，再经净化排入河道或者补给地下水。这类透水材料主要包括：透水沥青混凝土路面、透水混凝土路面、透水砖路面和植草砖等。

第二是蓄。雨水蓄水模块具有超强的承压能力，95%的镂空空间可以实现高效蓄水。配合防水布或者土工布可以完成蓄水，排放，同时还需要在结构内设置好进水管、出水管、水泵位置和检查井。

第三是滞。利用雨水花园、生态滞留池、渗透池和人工湿地，延缓短时间内形成的雨水径流量。

第四是净。大部分雨水在收集时同时进行土壤渗滤净化，并通过穿孔管将收集的雨水排入次级净化池或贮存在渗滤池中。

第五是用。收集雨水可用于建筑施工、绿化灌溉、洗车、消防、景观用水和抽水马桶。

第六是排。地面排水与地下雨水管渠相结合，实现一般排放和超标雨水的排放，避免内涝灾害。这种排水系统主要由排水沟、生态雨水口、盲管/渗透井、植草砖等构成。地面排水沟渠的生态护坡，通常包括蜂巢应用、生态袋（植草袋）、生态格网、自然驳岸和砌块等。

第3节　墙体保温材料：建筑节能的主力军

建筑物在其漫长的“生命周期”内，需要不断消耗大量的能源，主要用于采暖、空调和通风等方面。据统计，人类从自然界获得的50 %以上的物质原料用来建造各类建筑及其附属设施，这些建筑在建造与使用过程中又消耗了大量的能源。在环境总体污染中，与建筑有关的占到了34%。在我国，建

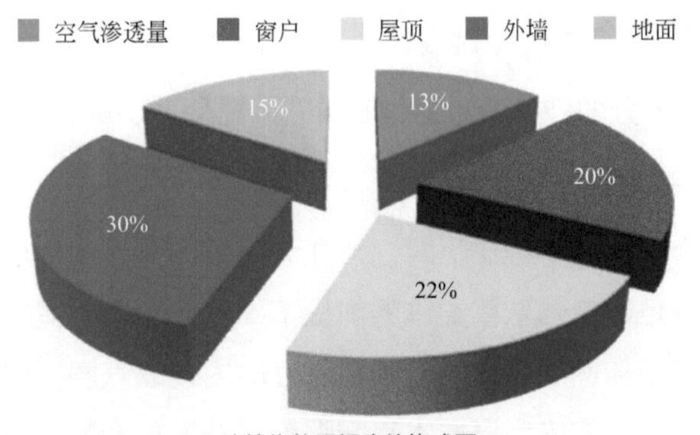

建筑物能量损失的构成图

筑能耗连同围护结构材料生产能耗已占到全国能源消耗总量的27.6％，并将随着人民生活水平的提高逐步增加到33％以上。

在一个建筑中，外墙是不可或缺的，它不仅仅是起到一个围护的作用，同时它还将一个空间分割开来，隔绝外部空间，保护内部空间，为我们的居住环境提供一个宁静的空间。墙体不仅仅为承担荷载、保温隔热、防水防火而存在，同时还给予我们一个栖息之所。在建筑设计中，外围护结构的热损耗较大，外墙所散失的热量占有份额最大，所以建筑墙体的节能及材料使用显得尤为重要。建筑墙体改革与墙体节能技术的发展成为建筑节能技术的重要环节。

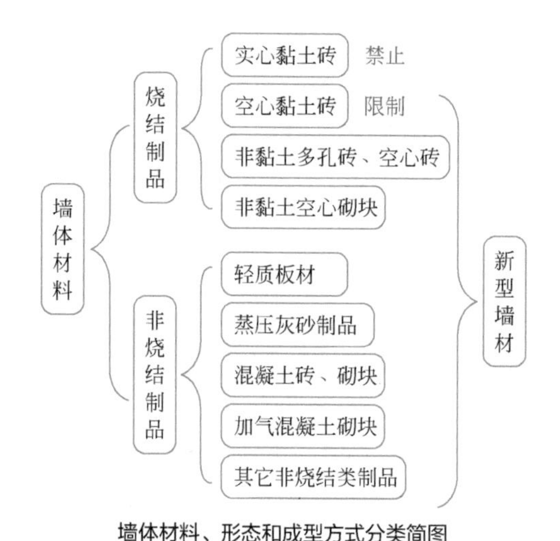

墙体材料、形态和成型方式分类简图

1. 外墙保温是关键

外墙保温主要分为外墙内保温、外墙外保温和夹心复合保温。

内保温复合墙体

内保温复合墙体是将绝热材料复合在承重墙内侧，简便易行，目前应用较为广泛。在满足建筑物承重要求的前提下，墙体可适当减薄。绝热材料往往强度较低，需设覆面层防护。有些在保温层内设隔气层，则有保温及隔气之效。目前较为常用的内保温技术有增强粉刷石膏复合聚苯保温板、聚合物

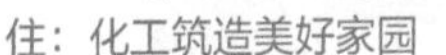

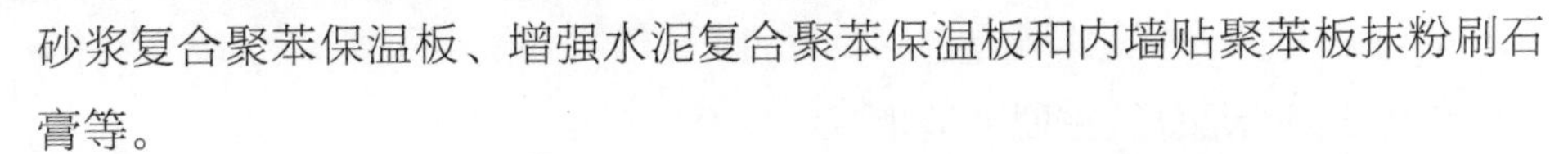

砂浆复合聚苯保温板、增强水泥复合聚苯保温板和内墙贴聚苯板抹粉刷石膏等。

采用增强粉刷石膏复合聚苯保温板的外墙，是最常见的一种内保温复合墙体。这种墙体以阻燃型泡沫聚苯板为保温材料，这种板材货源充足、热导率低、具有一定强度、尺寸灵活、切割方便，密度一般以大于18kg/m^{3}为宜。施工时，以黏结石膏作为黏结剂，抹灰材料采用石膏粉与外加剂相混合配制的粉状袋装粉刷石膏，加适量水即可施工。干燥固化快，不会出现空鼓开裂。这种内保温复合墙体的表面微孔结构可改善呼吸透气效果，并具有良好的防火性能。当采用被覆中碱玻纤网格布做增强材料时，可提高墙体的整体强度、刚度和表面抗裂性及保温层的抗冲击性能。

外保温复合墙体

外保温复合墙体是将绝热材料复合在承重墙外侧。这种墙体保护了主体结构，延长了建筑物使用寿命。由于外保温墙体的保温层置于建筑物围护结构外侧，减小了因温度变化导致结构变形产生的应力，减轻了空气中有害气体和紫外线对围护结构的侵蚀，避免了雨雪冰霜、干湿循环对主体结构造成的破坏。有利于室温保持恒定，由于外保温复合墙体蓄热能力较大的结构层在墙体内侧，当室内受到不稳定热作用时，墙体结构层能够吸收或释放热量。由于外保温技术所用保温材料置于墙体的外侧，其保温、隔热效果优于内保

墙体保温材料成为建筑节能的主力军

温，故可使主体结构墙体减薄，从而增加了建筑物的使用面积。

外保温复合墙体的主要种类如下。

外挂式外保温复合墙体。外挂式外保温复合墙体外挂的保温材料有聚苯乙烯泡沫板、岩棉、玻璃棉、硬质聚氨酯泡沫塑料板、聚苯仿石装饰保温板等。

聚苯板与混凝土墙体一次浇注成型墙体。该技术是将聚苯板内置于建筑模板内，位于浇注的墙体外侧，然后浇注混凝土，混凝土与聚苯板一次浇注成型。这种复合墙体分为有网体系和无网体系两种。这种浇注成型墙体由于外墙主体与保温层一次成型，工效提高，工期大大缩短。保温层与混凝土外墙紧密结合，从根本上消除了外保温层脱落下坠的隐患。

涂抹聚苯颗粒保温料浆保温墙体。涂抹聚苯颗粒保温料浆保温墙体由保温隔热层和抗裂防护层组成。其中保温隔热层材料是由保温胶粉料与聚苯颗粒轻骨料按配合比配制而成，将水、保温胶粉料及聚苯颗粒混合搅拌成膏状体即可使用。抗裂防护层是由水泥抗裂砂浆、复合涂塑耐碱玻纤网格布、柔性耐水腻子、硅橡胶弹性底漆组成，可长期有效地防止面层产生裂缝。这种墙体保温层整体性好，施工厚度易控制，浆料保温、耐火、耐水、耐冻融、耐候性好。抗裂防护面层具有抗冲击和抗变形能力较强等优点，且对有缺陷的墙体施工时墙面不需修补找平。

混凝土夹心墙体。夹心墙体是集承重、保温、维护或装饰为一体的新型复合墙体。最常见的夹心墙体是混凝土夹心墙体，该墙体是将混凝土墙体做成夹层，把珍珠岩、木屑、矿物棉、玻璃棉、聚苯乙烯泡沫塑料、聚氨酯泡沫塑料等填入夹层中，形成保温层。混凝土夹心墙体由四部分组成：混凝土结构内墙、保温材料、混凝土装饰墙体、连接内外墙的低导热性连接件。根据工艺的不同混凝土夹心墙还可分为预制保温夹心墙和现浇保温夹心墙。这种墙体具有耐久、防火性能好的特点。

2. 化工保温材料是根本

建筑物的保温节能材料属于保温热材料，主要用于建筑物维护、热工设备或者复合体等。对于目前采取的空调取暖方式，使用绝热材料可以在能源

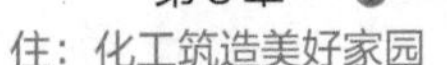

消费上节省50%～80%，甚至很多发达国家将绝热材料和石油、煤炭等能源同等看待。

中国保温材料工业经过30多年的努力，不少产品从无到有，从单一到多样化，质量从低到高，已形成以膨胀珍珠岩、矿物棉、玻璃棉、泡沫塑料、耐火纤维、硅酸钙绝热制品等为主要品种，门类比较齐全的产业。

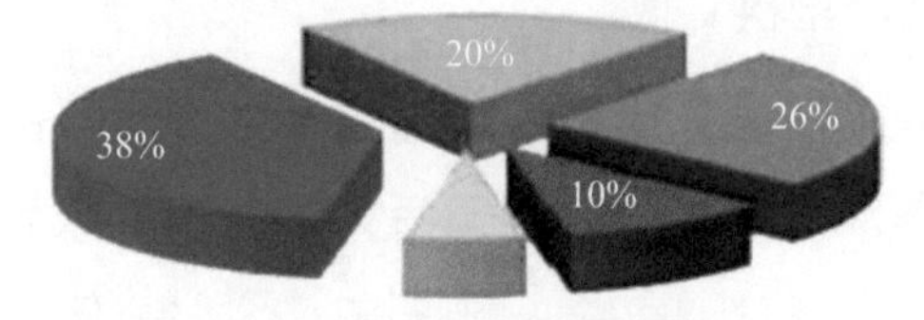

我国主要保温材料结构示意图

聚苯乙烯泡沫塑料板

一种有机材料，分为模塑聚苯乙烯板（EPS）和挤塑聚苯乙烯泡沫板（XPS）。EPS聚苯板的热导率较低[≤0.042W/（m·K）]，具有优异的保温隔热性能、防水性能，抗风压、抗冲击性能也很优异。EPS质量轻、易加工、成本低而且加工技术成熟，已经占据了我国墙体保温材料的主导地位。挤塑聚苯乙烯泡沫板，是20世纪60年代研制成功的有机保温材料。与EPS聚苯板相比，其强度、保温、抗水汽渗透等性能有较大提高，热导率≤0.03W/（m·K）。

聚苯乙烯泡沫塑料保温板材

酚醛树脂发泡保温材料

属于有机高分子材料，改性后的酚醛树脂材料，耐火性完全可以达到A级，具有质轻、无毒、无滴落等优点。酚醛树脂发泡材料由于闭孔率高而使得其热导率低，仅为0.023W/（m·K）左右，因此具有非常优异的保温隔热性能，抗水性和隔汽性也非常突出。这一系列的优点使得酚醛树脂保温材料成为国际上公认的最有前途的新型墙体保温材料之一，该类材料未来将成为建筑保温材料的主流。

聚氨酯硬质泡沫塑料

有着极好的保温性能，热导率可达到0.022W/（m·K），远低于传统的保温材料。保温隔热性能好，环境污染少，节能效果好。具有高抗压、低吸水率、防潮、不透气、质轻、耐腐蚀、不降解等特点，在浸水条件下其保温性能和抗压强度仍然毫无损失。特别适用于建筑物的隔热保温与防潮保护作用。

矿物棉

以工业废料矿渣为主要原料，经熔化，采用喷吹法或离心法制成的棉状绝热材料。岩棉是以天然岩石为原料制成的矿物棉。常用岩石如玄武岩、辉绿岩和角闪岩等。矿物棉及其制品是一种优质的保温材料，已有100余年生产和应用的历史，质轻、保温、隔热、吸声、化学稳定性好、不燃烧、耐腐蚀，并且原料来源丰富，成本较低。矿物棉制品主要用于建筑物的墙壁、屋顶和天花板等处的保温绝热和吸声，还可制成防水毡和管道的套管。

膨胀珍珠岩

由天然珍珠岩煅烧而得，呈蜂窝泡沫状的白色或灰白色颗粒，是一种高效能的绝热材料。密度小、热导率低、化学性稳定。使用温度范围宽、吸湿能力小、无毒无味、不腐蚀、不燃烧、吸音和施工方便。主要用作填充材料、现浇水泥珍珠岩保温隔热层、粉刷材料以及耐火混凝土。膨胀珍珠岩制品广泛用于较低温度的热管道、热设备，以及建筑维护结构的保温、隔热和吸声。

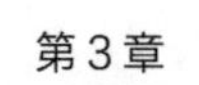

珍珠岩保温隔热卷材

新型憎水珍珠岩水泥聚苯乙烯保温板

以聚苯乙烯泡沫颗粒、膨胀珍珠岩、憎水剂和水泥黏结剂为主要原料，采用压制成型、热力烘干工艺制成的一种新型高效防水保温材料。它具有质轻、高强、绝热、防水、耐火、吸声、耐腐蚀、施工方便等特点，可广泛应用于建筑物的保温保冷工程，是目前倒置式防水屋面的理想保温材料之一。

GRC外墙内保温板

主要是抗硫酸盐水泥与玻璃纤维等材料喷射浇注再与聚苯乙烯板复合而成，具有板薄、体轻、高强、节能、保温等优点，抗冲击性好，不易破裂，施工安装损耗小，能达到较好的经济效果。这种保温板吸水不变形并且不降低强度。保温板内贴在砖墙或混凝土墙上，其保温效果均满足设计要求。

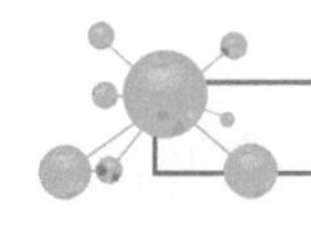

第4节　装饰材料：提升居室颜值的美妆师

家庭装修，就是要把生活的各种情形“物化”到房间之中，使得人们因此多些意想不到的乐趣。

装修材料一般分为三大类：一是无机装修材料，如彩色水泥、饰面玻璃和天然石材等。二是有机装修材料，包括高分子涂料、建筑塑料和复合地板等。三是有机与无机复合型装修材料，例如铝塑装饰板、人造大理石、玻璃钢材料等。

1. 从四白落地到别有洞天

中国古代的裱糊技艺

在家居装修的过程中，内墙的装饰是非常重要的环节。早在唐朝时期，就有人在纸张上绘图来装饰墙面。在中国，房间的裱糊技艺有着悠久的历史传统：先用面粉或淀粉加水熬制为糊状，在室内墙壁和顶棚的表面刷上这种浆糊，再将纸张粘贴在墙壁上。旧时，裱糊成为一种谋生的行当，当年李鸿章就自称是一生风雨裱糊匠。

塑料壁纸的应用

市场上壁纸以塑料壁纸为主，所用塑料绝大部分为聚氯乙烯或者聚乙烯。其最大优点是色彩、图案和质感变化无穷，远比涂料丰富。

塑料壁纸分类

普通壁纸　是以纸作为主要材料，表面再涂以高分子乳液，经印花、压纹而制成。这种壁纸花色品种多，耐光、耐老化、耐水擦洗，便于维护。

发泡壁纸　也叫浮雕壁纸，是以纸作基材，涂布掺有发泡剂的聚苯乙烯糊状料，印花后，再经拉伸设备加热发泡而成。这类壁纸又有高发泡印花、低发泡印花壁纸两种。

塑料壁纸为室内环境增添一抹亮丽

麻草壁纸　它以纸为基层，以编织的天然麻草为面料，麻草预先染成不同的颜色，再与底纸复合加工而成。这种壁纸具有阻燃、吸声、散潮、不变形等特点。

纺织纤维壁纸　又称花色线壁纸，它是由棉、麻、

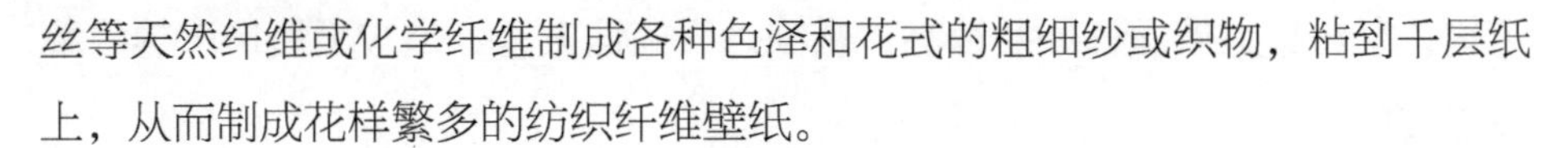

丝等天然纤维或化学纤维制成各种色泽和花式的粗细纱或织物，粘到千层纸上，从而制成花样繁多的纺织纤维壁纸。

特种壁纸　也称专用壁纸，是指具有特殊功能的塑料面层壁纸，如耐水壁纸、防火壁纸、抗腐蚀壁纸、抗静电壁纸、金属面壁纸、彩色砂粒壁纸、防污壁纸和图景画壁纸等。

塑料壁纸是由哪些原料制成的?

塑料壁纸的主要原材料是聚氯乙烯树脂，阻燃性好，阻燃值在40%以上。耐化学药品性高，可以耐浓盐酸、浓度为90%的硫酸、浓度为60%的硝酸和浓度20%的氢氧化钠。机械强度和电绝缘性良好。并且，色泽鲜艳，牢固耐用。聚氯乙烯是当今世界上深受喜爱、颇为流行并且也被广泛应用的一种合成材料。

聚氯乙烯的本质是一种真空吸塑膜，用于各类面板的表层包装，所以又被称为装饰膜或者附胶膜，可以应用于建材、包装、医药等诸多行业。其中建材行业占的比重最大，为60%。

塑料壁纸的制造，可以采用不同的生产方法，所使用的原材料分为粉状和糊状两种聚氯乙烯树脂。压延法通常使用中等分子量的聚氯乙烯粉状树脂。涂刮法和载体法的生产工艺，适宜选用糊状聚氯乙烯树脂，它是树脂粒子分散在由分散剂和稀释剂组成的分散介质中形成的，分散介质的具体组成影响聚氯乙烯糊的流变性，分散剂的比例过高，糊的黏度升高，稀释剂的比例过高，会产生絮凝现象，也会提高糊的黏度。

2. 轻轻一刷就让居室四壁生辉

建筑涂料魅力无穷

涂料的主要作用是装饰和保护建筑物内外墙面，使建筑物外貌美观整洁，从而达到美化城市环境和给人清爽空间的目的。同时也能够起到保护建筑墙面的作用，延长其使用寿命。外墙涂料的特点是具有抗水性能，要求有自涤性，漆膜要硬而平整，脏污一冲就掉。内墙涂料的优点是施工简单，有多种色调，宜在其上点缀各种装饰品，装饰效果简洁大方，是应用最广泛的内墙装饰材料。

建筑涂料魅力无穷

中国最早发现生漆

中国是世界上发现和使用生漆最早的国家。据史籍记载："漆之为用也，始于书竹简，而舜作食器，黑漆之，禹作祭器，黑漆其外，朱画其内。"生漆来自于原始森林和自然漆树科类中，是人工从漆树割取的天然漆树液，漆液内主要含有高分子漆酚、漆酶、树胶质及水分等。天然生漆涂装应用源远流长，古今中外闻名，中华民族沿用至今。另外，最简单的水性涂料就是石灰乳液，大约在一百年以前，就曾有人试图向其中加入乳化亚麻仁油进行改良，这恐怕就是最早的乳胶漆。

建筑涂料都有哪些成分?

建筑涂料大致可分为外墙涂料和内墙涂料，另外还有地面涂料、门窗涂料和顶棚涂料。

涂料一般由四种基本成分组成，成膜物质是涂膜的主要成分，包括油脂、天然树脂、合成树脂和合成乳液等。第二种成分是消泡剂和流平剂等助剂，这些助剂一般不能成膜并且添加量少，但对基料形成涂膜的过程与耐久性起着相当重要的作用。第三种成分是钛白粉和铬黄等着色颜料。第四种成分是溶剂，如矿物油精、煤油、汽油、苯、甲苯、二甲苯等，还有醇类、醚类、酮类和酯类物质。溶剂和水的主要作用在于使成膜基料分散而形成黏稠液体。

涂料是怎么成膜的?

涂料的固化原理分为两类。一类称为物理成膜，实际上就是依靠涂料中

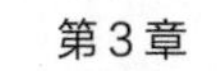

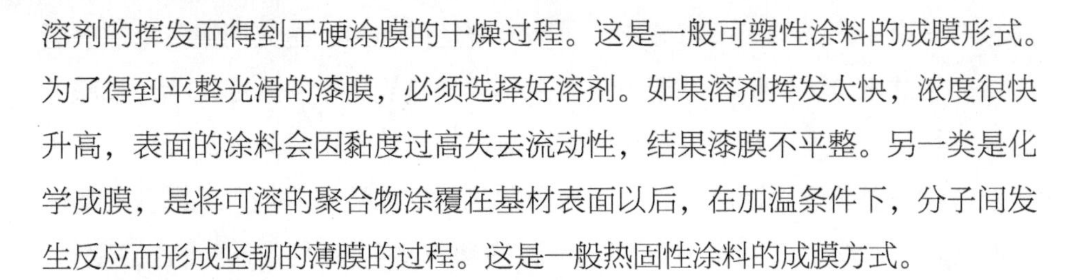

溶剂的挥发而得到干硬涂膜的干燥过程。这是一般可塑性涂料的成膜形式。为了得到平整光滑的漆膜，必须选择好溶剂。如果溶剂挥发太快，浓度很快升高，表面的涂料会因黏度过高失去流动性，结果漆膜不平整。另一类是化学成膜，是将可溶的聚合物涂覆在基材表面以后，在加温条件下，分子间发生反应而形成坚韧的薄膜的过程。这是一般热固性涂料的成膜方式。

你知道建筑物怎么才能节能保温吗?

建筑物的隔热保温，是节约能源、改善居住环境和使用功能的一个重要课题。建筑能耗在人类整个能源消耗中所占比例一般在30% ～ 40%，绝大部分是采暖和空调的能耗，因此建筑节能的意义十分重大。反射隔热保温涂料，选用具有优异耐热性能的硅丙乳液和水性氟碳乳液作为成膜物质，采取被誉为空间时代材料的极细中空陶瓷颗粒为填料，由中空陶粒多组合排列制得涂膜。这种涂料可对400 ～ 1800nm范围的可见光和近红外区的太阳热进行高反射，通过强化反射太阳热，能够降低辐射传热和对流传热，构筑有效的热屏障。这种涂料降低了被覆表面和内部空间温度，可使屋面温度最高降低20℃，室内温度降低5 ～ 10℃。因此被一致公认为有发展前景的高效节能建筑涂料之一。

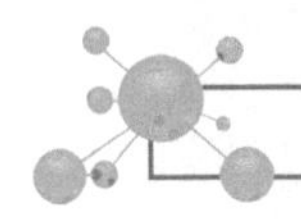

第5节　专治跑冒滴漏的绿色防水材料

建筑渗漏不容小觑

据中国建筑防水协会发布《2013年全国建筑渗漏状况调查项目报告》指出，抽样调查建筑屋面样本2849个，其中有2716个出现不同程度渗漏，渗漏率达到95.33%。抽样调查地下建筑样本1777个，其中有1022个出现不同程度渗漏，渗漏率达到57.51%。抽样调查住户样本3674个，其中有1377个出现不同程度渗漏，渗漏率达到37.48%。

从调查结果来看，建筑渗漏情况十分不乐观。建筑渗漏水的危害性是不容小觑的，它绝非“小毛病”，会在不知不觉中腐蚀建筑的生命，堪称房屋的“大毒瘤”，已成为除建筑结构外影响建筑质量的第二大问题。自古以来，安居乐业一直是人类的美好愿景之一，安全舒适的住房，是人们追求幸福生活的重要组成部分。然而，房屋一旦渗漏，将影响到正常的家庭生活。潮湿的居住环境，会给身体带来许多负面的影响，也会给邻里关系增添麻烦，产生矛盾或纠纷。更为严重的是，由于房屋建筑的主体结构是用有毛细孔的钢筋混凝土灌注而成，一旦受水侵蚀，里面的钢筋便会生锈，混凝土也会变劣，将大大减少建筑的使用寿命。而渗漏现象一旦发生，极不容易处理和根治，经常会反复渗透漏水。

建筑防水至关重要

建筑物需要进行防水处理的部位主要是屋面、墙面、地面和地下室。实现房屋零渗漏，就能保障住房的舒适、美观和环保等基本需求。防水材料的作用，一是防止雨水、雪水和地下水的渗透；二是防止空气中的湿气、蒸汽和其他有害气体与液体的侵蚀。建筑防水材料分成防水卷材、防水涂料和聚合物水泥基防水材料等几类。

建筑物的安全与美观：墙面、屋顶和地下室防水缺一不可

1. 防水卷材靠新型材料

防水卷材主要是用于建筑的屋面和墙体抵御外界雨水和地下水渗漏，作为工程基础与建筑物之间无渗漏连接，是整个工程防水的第一道屏障，对房屋安全起着至关重要的作用。产品主要有沥青防水卷材和高分子防水卷材。

高分子增强复合防水卷材，是采用聚乙烯、丙纶无纺布等高分子原料，经物理和化学变化由自动化生产线复合后加工制成的。其结构为：中间层是防水层和防老化层，上下两面是增强黏合层。这种材料为多层高分子薄膜一

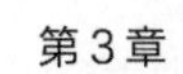

绿色防水卷材的生产装置与产品

次性复合，其表面呈无规则交叉网孔状。

这种卷材不透水性好，这是依靠聚乙烯芯层和横向不透水的黏合界面结构实现的。在防水层意外损伤时，其多层高分子结构则起到对渗漏水的阻滞作用，可以控制主体材料渗漏点的总渗流量，使其不形成明水流，从而达到建筑防水的总体效果。防水卷材与建筑主体的粘接铺贴以及与防护层的粘接，均可采用水泥材料，解决了大部分有机卷材不能与水泥材料直接黏合敷设的问题，主体材料外露使用不易受到损伤，因此结构稳定性良好，完全隔绝紫外光照射，耐大气老化性强。由于这种自身的特点，其产品既可在寒冷的东北和西北地区使用，也可应用在炎热潮湿的南方地区。该类材料正在向更广的应用领域进军。通过对产品承受交变荷载能力的研究，复合卷材将可在道桥路面防水工程中得到应用。通过对产品负水压剥离性能的研究，复合卷材可用在地下内防水工程。高分子增强复合防水卷材是现今最具有发展潜力及发展最快的新型防水材料。

2. 防水涂料上化工技术显身手

聚氨酯硬泡体是一种有着无数微小封闭泡孔结构的高分子合成材料，是集防水、保温、隔热于一体的新型材料。它主要由聚醚多元醇与异氰酸酯双组分液体原料组成，在改性剂和发泡剂等多种助剂的作用下，通过专门的设备均匀混合，在一定状态下发生热反应，瞬间雾化，产生闭孔率不低于95%的硬泡体化合物，具有理想的不透水性和良好的水蒸气渗透阻力。主要应用于高层住宅和宾馆等大型建筑的屋面。

这种材料的防水功能可靠，由于拥有连续致密的表皮和互联壁强度高的蜂窝结构，吸水率≤1%，可在建筑物屋面形成一层完整的连续不透水层，从根本上杜绝了雨水沿着缝隙渗入的可能性。基层黏合牢固，其黏合强度可超过泡沫体本身的撕裂强度，不会与基层脱离，避免了雨水沿层间渗漏。对混凝土和砖石的黏合强度可高达240kPa，作为屋面防水保温层具有极强的抗风性。

3. 聚合物水泥基防水材料

聚合物水泥基防水涂料是由水泥、高分子聚合物乳液及各种添加剂优化组合而成的，高分子材料包括聚丙烯酸酯，聚醋酸乙烯酯和丁苯橡胶乳液。这种双组分防水涂料，既具有合成高分子材料弹性高、柔性好的优势，又有无机材料耐久性和耐候性强的特点。

聚合物水泥基防水涂料施工简便，基于是水泥型产品，在此防水层之上，可直接铺贴瓷砖、抹灰或涂漆。可在潮湿或干燥的砖石、砂浆、混凝土、金属、木材、硬塑料和玻璃等各种基面上施工。对于新旧建筑物，以及隧道，桥梁和水库等构筑物均可使用。同时也可做黏结剂使用。特别适合地下室、卫浴间和水池等特别潮湿或者长期在水中浸泡的防水施工。

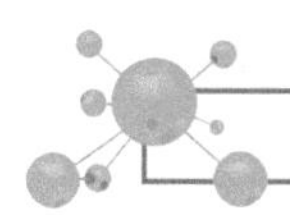

第6节　大数据

2017年中国塑钢门窗十大品牌企业排名

序列	品牌	公司名称
1	海螺CONCH	芜湖海螺新材料有限公司
2	LGHausys	乐金华奥斯（天津）有限公司
3	LEKA维卡	维卡塑料（上海）有限公司
4	Koemmerling	柯梅令（天津）高分子型材有限公司
5	中财型材	浙江中财型材有限公司

续表

序列	品牌	公司名称
6	实德SHIDE	大连实德集团有限公司
7	北新	北新集团建材股份有限公司
8	高科幕墙门窗	西安高科幕墙门窗有限公司
9	YKKAP	威可楷（中国）投资有限公司
10	亚太ATAI	福建亚太建材有限公司

注：资料来源于中国产业信息网。

规模以上塑料门窗异型材销量 单位：万吨

年份	2009年	2010年	2011年
销量	280	320	370

注：资料来源于中国门窗协会。

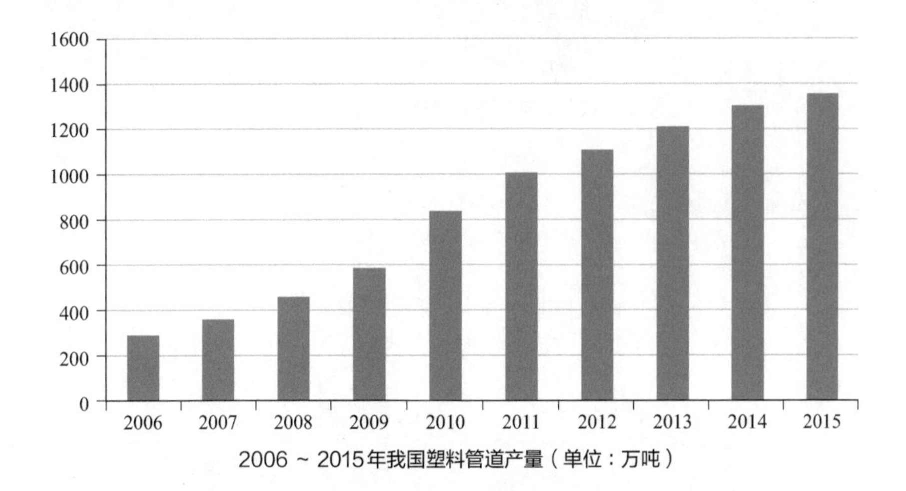

2006～2015年我国塑料管道产量（单位：万吨）

2014年塑料管道的主要应用领域

应用领域	应用量/万吨	比例/%	应用领域	应用量/万吨	比例/%
市政给水	170	13	市政排水	180	14
建筑给水	150	12	建筑排水	145	11
市政燃气	65	5	护套	120	9

续表

应用领域	应用量/万吨	比例/%	应用领域	应用量/万吨	比例/%
农业	250	19	工业	50	4
供暖	40	3	其他	130	10

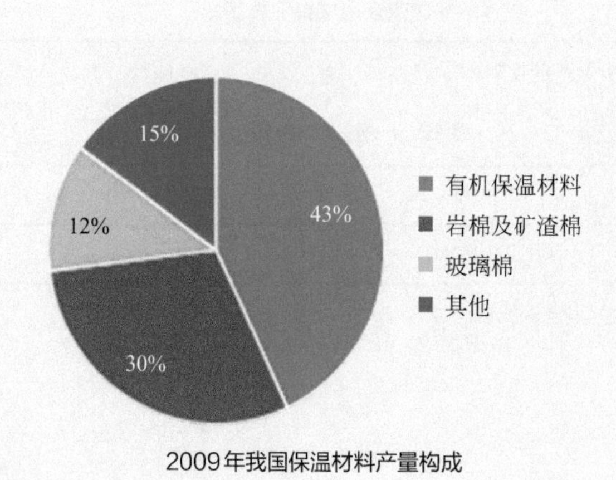

2009年我国保温材料产量构成

2011 ~ 2014年国内壁纸供应量走势图（单位：亿卷）

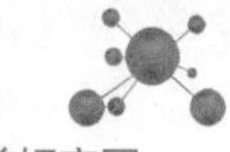

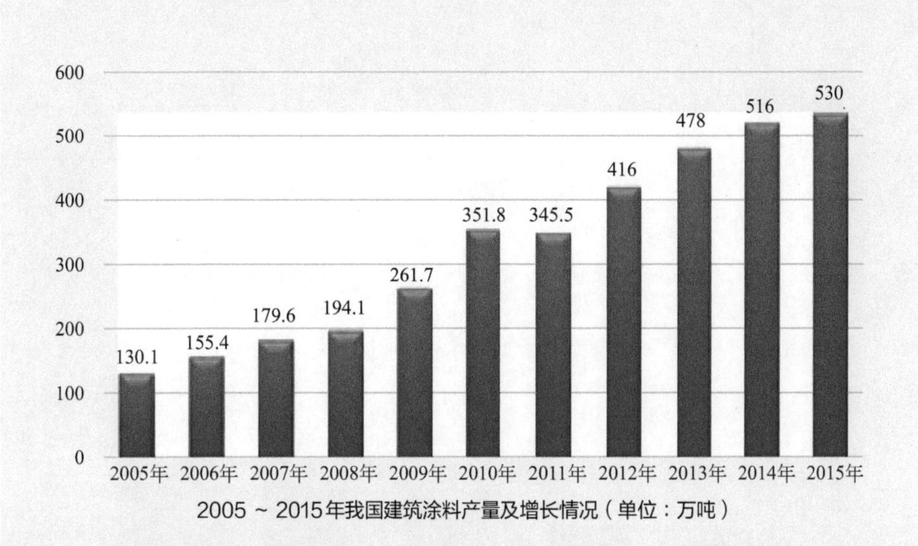

2005～2015年我国建筑涂料产量及增长情况（单位：万吨）

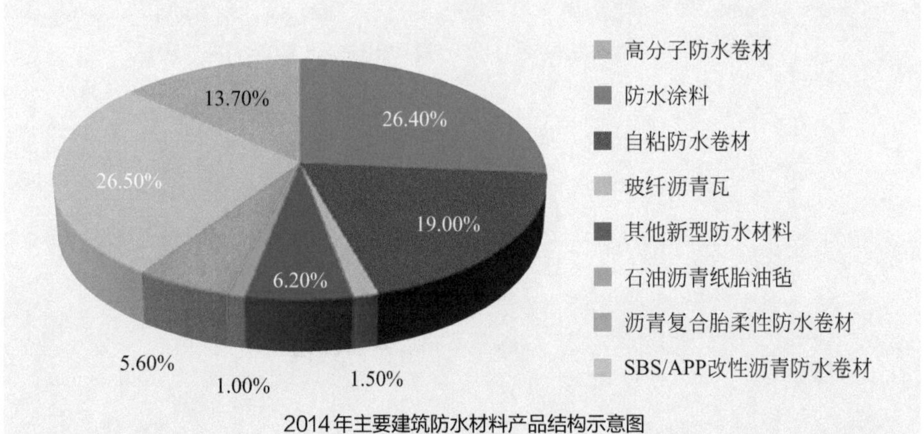

2014年主要建筑防水材料产品结构示意图

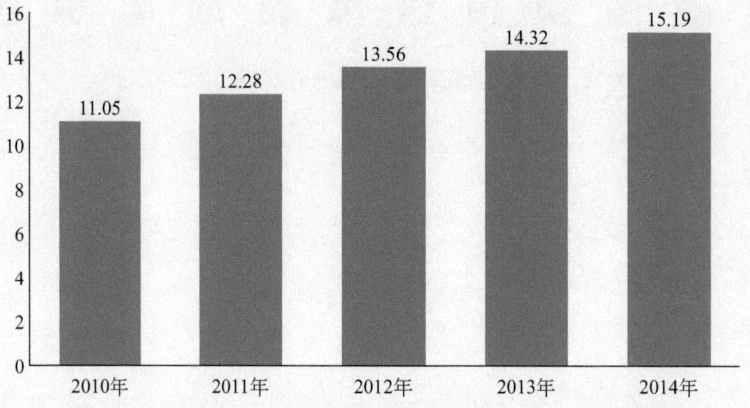

2010 ~ 2014年我国主要防水材料总产量及增长情况（单位：亿平方米）

第 4 章

行：化工带我们去远方

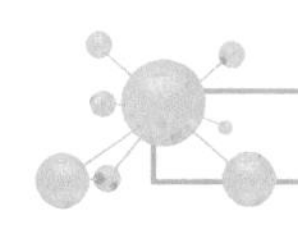

第1节　从车轮上的国度说开去

人们常说，美国是一个活在车轮上的国家。到过美国的人都知道，美国家庭普遍拥有多辆汽车。因为在美国很多地方，没有车或者不会开车，简直是寸步难行。1908年，美国最大的马车制造商杜兰特买下了别克汽车公司，同时推出首款经济型家庭轿车C型车。后来，以别克和奥兹汽车公司为基础成立了通用汽车公司（GM）。当时全美的汽车数量还不到8000辆。

2015年5月4日在上海举行的“5亿感谢”全球性庆典活动上，通用汽车全球执行副总裁向一位忠实客户赠送了一辆雪佛兰创酷SUV。以庆贺自通用成立以来的106年里，生产出5亿辆汽车的佳绩。通用汽车百年来的成长历程，成为美国发展公路交通和创新生活方式的缩影。

2016年全国机动车保有量达2.9亿辆

2016年，我国汽车工业产销量双双突破2800万辆，这是自2009年以来，我国汽车产销量连续八年蝉联全球第一。根据公安部交管局统计的数据，截

至2016年年底，全国机动车保有量达2.9亿辆，其中汽车1.94亿辆。机动车驾驶人3.6亿人，其中汽车驾驶人超过3.1亿人。

1. 汽车的动力之源

（1）车用燃料家庭成员个个都是巨无霸

车用燃料主要包括车用汽油、车用柴油和车用替代燃料，替代燃料有甲醇、乙醇、乳化燃料、压缩天然气、液化石油气和氢气。车用燃料的使用性能对汽车的动力性、排放性有直接的影响。车用燃料的消耗费用约占汽车运输成本的三分之一，直接影响汽车使用的经济性。

据国家发改委经济运行调节局统计，2016年，我国原油产量19771万吨，同比下降7.3%；原油加工量52372万吨，同比增长9.4%，成品油产量32372万吨，同比增长7.8%；成品油消费量28948万吨，同比增长5.0%。

① 汽油是一种由石油炼制成的液体燃料。外观为透明液体，可燃，馏程为30～220℃，主要成分是包含有5个碳到12个碳（通常用C5～C12表示）的烃类及相应沸点的非烃类。车用汽油应在任何工作条件下都能形成均匀的混合气，在任何负荷下都能正常燃烧，燃烧过程中不会生成积炭和结胶。

汽油具有较高的辛烷值，也就是抗爆震燃烧性能，汽油按照辛烷值的高低分为89号、92号、95号、98号等牌号。

汽油是由石油炼制得到的催化裂化汽油组分、催化重整汽油组分等不同汽油组分构成的。这些成分需经过精制、调和、加入添加剂等过程才能作为商品汽油。此外，杂质硫含量也各有不同，硫含量高的汽油组分还需加以脱硫精制，之后，将上述汽油组分加以调和，必要时需加入适量添加剂，最终得到符合国家标准的汽油产品。

所有这些加工过程都是在炼油厂进行的。在炼厂中，汽油生产装置有原油蒸馏、催化裂化、催化重整、加氢裂化、减黏裂化和焦化等。另外，还有一些提高汽油质量的生产装置如加氢精制、烷基化、甲基叔丁基醚生产装置等。不同的生产装置所生产的汽油质量是不同的，要通过油品车间进行调和、精制或

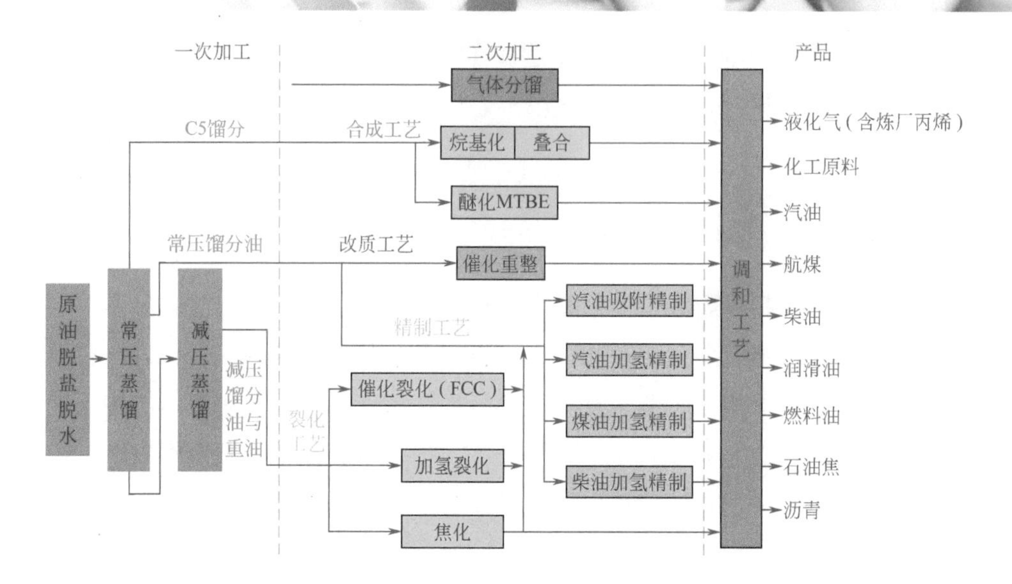

者加入添加剂等手段，使其质量达到产品质量标准。另外，还要检验油品其它的质量因素，如烃类类型的要求、环保指标等，最后才能作为商品出厂。

② 柴油是轻质石油产品，复杂烃类（碳原子数约15 ～ 24）混合物，为柴油机燃料。主要由原油蒸馏、催化裂化、热裂化、加氢裂化、石油焦化等过程生产的柴油馏分调配而成。也可由页岩油加工和煤液化制取。分为轻柴油（沸点范围约200 ～ 370℃）和重柴油（沸点范围约350 ～ 410℃）两大类。广泛用于大型车辆、铁路机车、船舰。与汽油相比，柴油能量密度高，燃油消耗率低。柴油低能耗，所以一些小型汽车甚至高性能汽车也改用柴油。

③ 乙醇汽油是一种新型替代能源，由燃料乙醇和普通汽油按一定比例混配而成。按照我国的国家标准，乙醇汽油是用90%的普通汽油与10%的燃料乙醇调和而成。乙醇属于可再生能源，是由高粱、玉米、薯类等经过发酵而制得。它不影响汽车的行驶性能，还减少有害气体的排放量。乙醇汽油作为一种新型清洁燃料，是当前世界上可再生能源的发展重点，符合我国能源替代战略和可再生能源发展方向，技术上成熟，安全可靠，在我国完全适用。乙醇汽油是一种混合物而不是新型化合物。在汽油中加入适量乙醇作为汽车燃料，可节省石油资源，减少汽车尾气对空气的污染，还可促进农业的生产。

④ 生物柴油是指由动植物油脂（脂肪酸甘油三酯）与醇（甲醇或乙醇）经酯交换反应或热化学工艺得到的脂肪酸单烷基酯，属于可代替石化

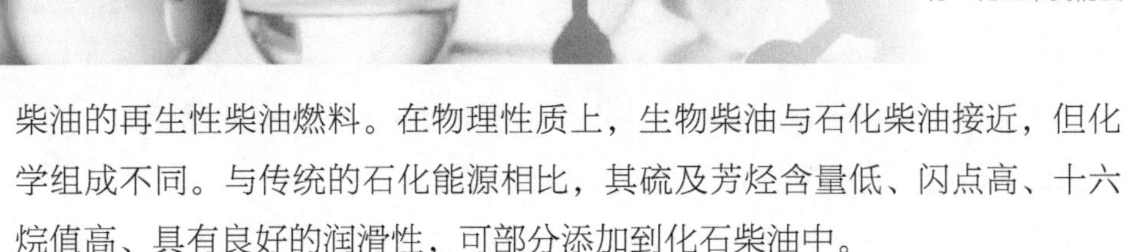

柴油的再生性柴油燃料。在物理性质上，生物柴油与石化柴油接近，但化学组成不同。与传统的石化能源相比，其硫及芳烃含量低、闪点高、十六烷值高、具有良好的润滑性，可部分添加到化石柴油中。

⑤ 润滑油是用在各种类型汽车上以减少摩擦。保护机械的液体或半固体润滑剂，是直链烃、环链烃与芳香烃的混合物。润滑油一般由基础油（70%～95%）和添加剂（5%～30%）两部分组成。主要以来自原油蒸馏装置的润滑油馏分和渣油馏分为原料，通过溶剂脱沥青、溶剂脱蜡、溶剂精制、加氢精制或酸碱精制、白土精制等工艺，除去或降低形成游离碳的物质、低黏度指数的物质、氧化稳定性差的物质、石蜡以及影响成品油颜色的化学物质等组分，得到合格的润滑油基础油，经过调和并加入添加剂后即成为润滑油产品。

（2）燃油环保红线不可逾越

由于机动车保有量的迅速增加，导致城市，特别是特大城市，机动车排放引起的空气污染问题突出。主要表现是，环境空气中氮氧化物（NO_x）浓度和臭氧（O_3）浓度超标天数和小时数持续升高。多数柴油车冒黑烟。另外，道路附近CO、HC和SO_2浓度偏高。

中石化加油站

中国燃油环保问题最根本的解决办法是不再生产不环保的燃油，不再燃油掺假、造假，让所有在用机动车都用上环保燃油。

因此，车用燃油的国家标准成为一条不可逾越的环保红线。第五阶段车用汽油国家标准是由国家质检总局和国家标准委于2013年12月18日发布，过渡期至2017年年底，2018年1月1日起在全国范围内供应国五车用汽油标准。根据测算，与第四阶段标准相比较，国五标准实施后将大幅减少车辆污染物排放量，新车氮氧化物和颗粒物的排放可分别减少25%和80%，在用车的排放整体上可减少10% ～ 15%，对改善空气质量具有重要的意义。

降低了硫含量这个最关键的环保指标，汽油的冶炼工艺也要进行调整，因此牌号也就有了相应变化。第五阶段车用汽油牌号由90号、93号、97号分别调整为89号、92号、95号。

车用汽油牌号是实际汽油的辛烷值。标号越高，抗爆性能就越强。异辛烷的抗爆性好，其辛烷值定为100。正庚烷的抗爆性差，在汽油机上容易发生爆震，其辛烷值定为0。因此，辛烷值就成了表征汽油发动机对抗爆震能力的指标。

2. 新能源汽车的迅速崛起

随着“汽车社会”的逐渐形成，我国的汽车保有量呈现上升趋势，而石油资源却捉襟见肘，另一方面，吞下大量汽油的车辆不断排放着有害气体和污染物质，成为大气污染和雾霾的罪魁祸首。但是，最终的解决之道当然不是限制汽车工业发展，而是开发替代石油的新能源，研发新能源汽车。

新能源汽车是指采用非常规的车用燃料作为动力来源，并且综合了车辆的驱动与动力控制先进技术的汽车。主要包括燃气汽车、电动汽车（混合动力汽车和纯电动汽车）、燃料电池汽车、太阳能汽车和生物燃料汽车等。对于个体消费者来说，电动汽车的好处是使用成本低，百公里耗电量的价格仅8元左右，跟1升燃油的价格差不多。

（1）以气代油的燃气汽车

燃气汽车又称为天然气汽车，主要分为液化石油气汽车和压缩天然气汽

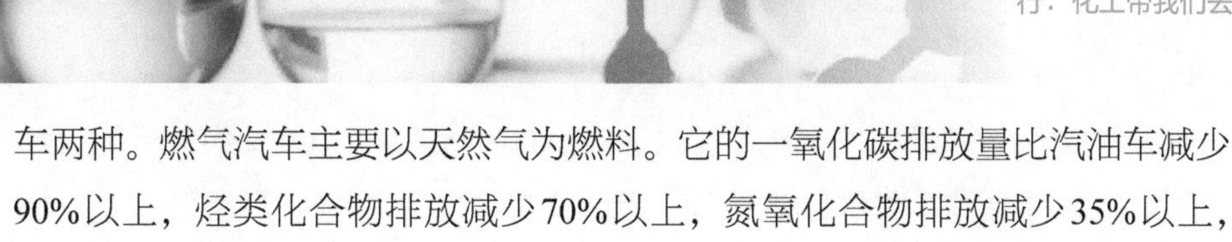

车两种。燃气汽车主要以天然气为燃料。它的一氧化碳排放量比汽油车减少90%以上，烃类化合物排放减少70%以上，氮氧化合物排放减少35%以上，是较为实用的低排放汽车。

燃气汽车使用的燃料是液化天然气或者压缩天然气，车用压缩天然气一般被压缩为20～25MPa左右。可将天然气进行脱水、脱硫净化处理后，再经多级加压制得。使用之前，泵入连接至汽车后部、上部或支架的高压筒形气瓶。其使用时的状态为气体。

燃气汽车的发动机原理与汽油汽车的原理一致。当天然气汽车发动机启动后，天然气从储气瓶通过软管导入燃料，在发动机附近，天然气将进入压力调节器从而实现降压。将高压气瓶中储存的天然气经过减压后送到混合器中，燃料在四冲程发动机的混合器中与空气混合。传感器和计算机将对燃料和空气的混合气体进行调节，以便火花塞点燃天然气时，燃烧更有效。然后，天然气将进入多点顺序喷射喷轨，该喷轨会将气体引入气缸中，仍然使用原汽油机的点火系统中的火花塞点火。

燃料的随车携贮容器、储运和加气站的设备与技术，是燃气汽车的核心技术。车用压缩天然气瓶，主要用于长期固定安装在汽车上盛装压缩天然气。具有压力高、容量大、质量轻和安全可靠等优点。采用铝基复合材料、碳纤维玻璃钢材料的瓶体，重量为钢瓶的30%～50%。大约能装载10～30立方米气体，可以行驶200～600公里。主要用于各大、中城市的出租车、中巴车、公交车和小型轿车等。

玻璃纤维环向缠绕气瓶，主要供出租车及部分小型私家车辆使用

天然气的抗爆震性好，辛烷值达103 ～ 110，远高于汽油，有利于增大燃气压缩比，提高发动机的动力性能。燃料以气态进入气缸，燃烧较充分，热效率高，积炭少，这使发动机的大修期延长30% ～ 40%，使润滑油更换周期延长50%，降低了维护费用和运行成本。

此外，天然气汽车有显著的经济效益，可降低汽车营运成本。天然气的价格比汽油和柴油低得多，燃料费用一般节省50%左右。由于油气差价的存在，改车费用可在一年之内收回。

（2）尾气零排放的电动汽车

电动汽车是指以车载电源为动力，用电机驱动车轮行驶，符合道路交通和安全法规各项要求的车辆。由于对环境影响相对传统汽车较小，其前景被广泛看好，其工作原理如下：

蓄电池——电流——电力调节器——电动机——动力传动系统——驱动汽车行驶

新能源电动汽车从动力系统可分为纯电动和混合动力两种。纯电动汽车，相对燃油汽车而言，主要差别在于四大部件，即驱动电机、调速控制器、动力电池和车载充电器。相对加油站而言，它是通过公用超快充电桩补充续航能力。纯电动汽车的品质差异，主要取决于这四大部件，其价值高低也取决于这四大部件的品质。纯电动汽车的用途也与四大部件的选用配置直接相关。

纯电动汽车时速快慢和启动速度，取决于驱动电机的功率和性能。其续行里程长短取决于车载动力电池容量的大小。车载动力电池的重量取决于选用何种动力电池，比如铅酸、锌碳或者锂电池等，它们的体积、比功率、比能量及循环寿命也都各异。

经过十多年的发展，目前我国电动汽车的设计生产研发已经取得了重大突破，更多品牌和规格的电动汽车逐步投放市场。电动汽车存在的主要问题是续航能力和动力性能，动力电池系统是电动车的核心技术，也是制约续航能力及动力性能的关键。

据国外媒体报道，2016年，世界各地道路上的电动汽车数量上升至200万辆。中国仍是最大的市场，占世界销售电动汽车的40％以上。中国电动两轮车超过2亿辆，电动汽车超过30万辆。中国，美国和欧洲三大市场占全球电动汽车销售总量的90%以上。

2016年，电动汽车保有量仅占轻型乘用车的0.2%，在达到能够为温室气体减排目标做出重大贡献的数量之前，还有很长的路要走。根据国际能源署的能源技术展望，为了将温度上限限制在21世纪末的2℃以下，电动汽车的数量将在2040年前达到6亿辆。

我国电动汽车蓄电池技术的产业发展，是从“十五计划”时的科技部电动汽车重点专项起步的。当时主要是开展镍氢电池和锰酸锂电池的技术攻关。到了“十一五”期间，研究方向是磷酸铁锂电池，创新的磷酸铁锂电池技术有力支撑了“十二五”期间电动汽车的发展。“十二五”以来的研发重点则转向了三元锂离子电池。三元聚合物锂电池是指正极材料使用镍-钴-锰酸锂或镍-钴-铝酸锂的三元正极材料的锂电池。

美国纯电动跑车品牌特斯拉在甄选了几百种电池材料后，最终锁定了三元锂电池。2016年款MODEL S车型续航里程可达509公里，创下了业界的新纪录。特斯拉的成功也加速了三元锂电池在电动汽车领域的推广应用，北汽、比亚迪、江淮等国内车企纷纷涉足。

特斯拉汽车公司2016年款MODEL S旗舰家用跑车

（3）21世纪发展之星的氢燃料电池汽车

氢燃料电池的基本原理是电解水的逆反应。将氢气送到燃料电池的阳极板（负极），经过催化剂（铂）的作用，氢原子中的一个电子被分离出来，失去电子的氢离子（质子）穿过质子交换膜，到达燃料电池阴极板（正极），而电子是不能通过质子交换膜的，这个电子经外部电路，到达燃料电池阴极板，从而在外电路中产生电流。电子到达阴极板后，与氧原子和氢离子重新结合为水。由于供应给阴极板的氧，可以从空气中获得，因此只要不断地给阳极板供应氢，给阴极板供应空气，并及时把水（蒸汽）带走，就可以不断地提供电能。

氢燃料电池汽车是一种真正实现零排放的交通工具，排放出的是纯净水，具有无污染、零排放、储量丰富等优势。氢燃料电池汽车能量转化效率高达60%～80%，为内燃机的2～3倍。燃料电池本身工作没有噪声、没有振动，其电极仅作为化学反应的场所和导电的通道，本身不参与化学反应，没有损耗，寿命长。

以氢为能源的燃料电池是21世纪汽车的核心技术，它对汽车工业有着革命性意义。但成本问题依然是阻碍氢燃料电池汽车发展的最大瓶颈。

3. 汽车轻量化为何“相中”塑料复合材料

汽车的整车轻量化，就是在保证汽车的强度和安全性能的前提下，尽可能地降低汽车的整车重量，从而提高汽车的动力性，减少燃料消耗，降低排气污染。汽车质量降低一半，燃料消耗也会降低将近一半。当前汽车轻量化

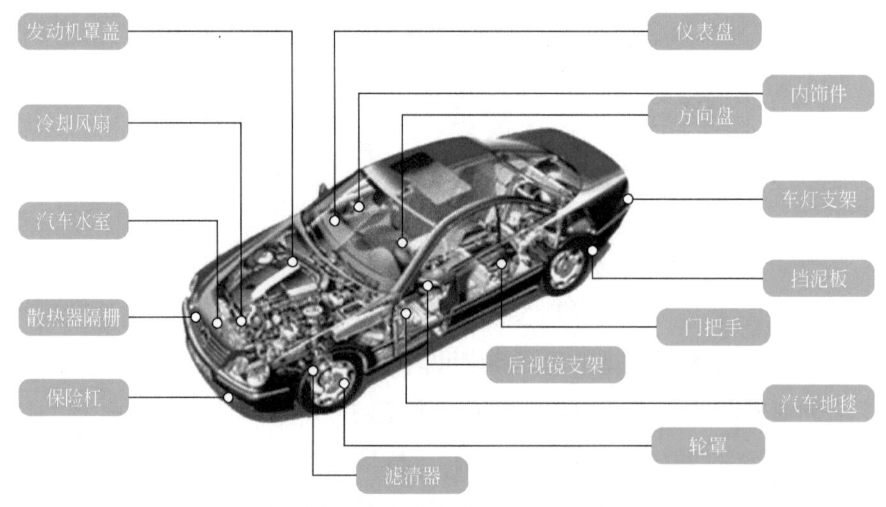

采用塑料复合材料制造的汽车内饰件和外饰件

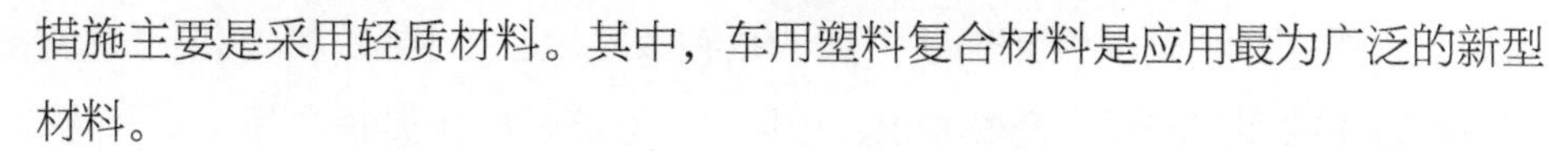

措施主要是采用轻质材料。其中，车用塑料复合材料是应用最为广泛的新型材料。

复合材料是由两种或两种以上不同性质的材料，通过物理或化学的方法，构成具有新性能的一种先进材料。各种材料在性能上取长补短，产生协调效应，使得复合材料的综合性能优于原材料，达到满足不同需求的使用目的。

塑料复合材料的原材料包括基体材料和增强材料。基体材料主要有热塑性和热固性合成塑料。增强材料主要有玻璃纤维、碳纤维、硼纤维、芳纶纤维、碳化硅纤维、石棉纤维、晶须、金属丝和硬质细粒等。

（1）汽车工程塑料都有哪些品种？

据中国汽车工业协会报告，汽车工程塑料用量大约在100～220kg/辆，预计随着新型聚合物材料的快速发展，到2020年，汽车平均塑料用量将可能达到500kg/辆以上，约占整车用料的1/3以上。

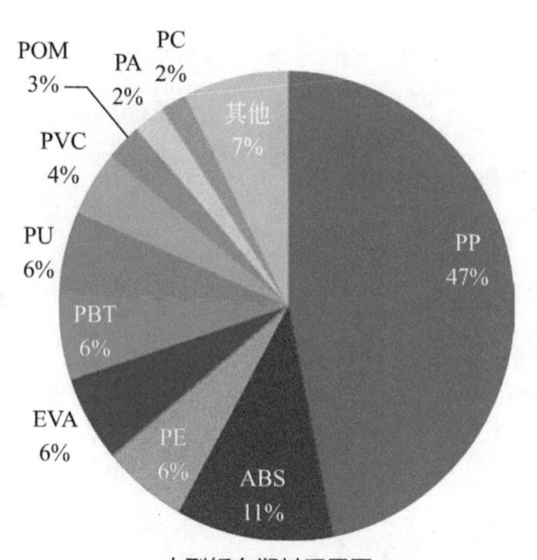

中型轿车塑料用量图

聚丙烯（PP）

现在典型的乘用车中，聚丙烯塑料部件占60多个。聚丙烯汽车零部件主要有保险杠、蓄电池外壳、仪表板、门内饰板和方向盘等。

聚乙烯（PE）

通过对高密度聚乙烯和低密度聚乙烯树脂的接枝改性和填充增韧改性，

得到具有柔韧性、耐候性和涂装性能的系列改性聚乙烯合金材料。聚乙烯材料主要采用吹塑方法来生产燃油箱、通风管、导流板和各类储罐等。

ABS树脂

是丙烯腈、丁二烯和苯乙烯三个单体的三元共聚物，可用于制作汽车外部或内部零件，如仪表壳体、制冷和采暖系统、工具箱、扶手、散热器栅板以及仪表板表皮、行李箱、杂物箱盖等。

聚酰胺（PA）

俗称尼龙，具有很高的耐冲击强度、耐摩擦磨耗特性、耐热性、耐化学药品性、润滑性和染色性。聚酰胺可应用在汽车发动机周围的苛刻环境下。

聚甲醛（POM）

具有优良的耐摩擦磨耗特性、长期滑动特性、成型流动性和表面美观、光泽特性，也适用于嵌件模塑。汽车底盘衬套等广泛采用聚甲醛型三层复合材料。

（2）塑料在汽车零部件制造上的相对优势

发达国家将汽车用塑料量作为衡量汽车设计和制造水平高低的一个重要标志，目前德国汽车用量最多，占整车用料的15%以上。除英国路虎外，兰博基尼、奔驰SLR、宝马i系等众多车型大范围地采用更为先进的车用工程塑料。

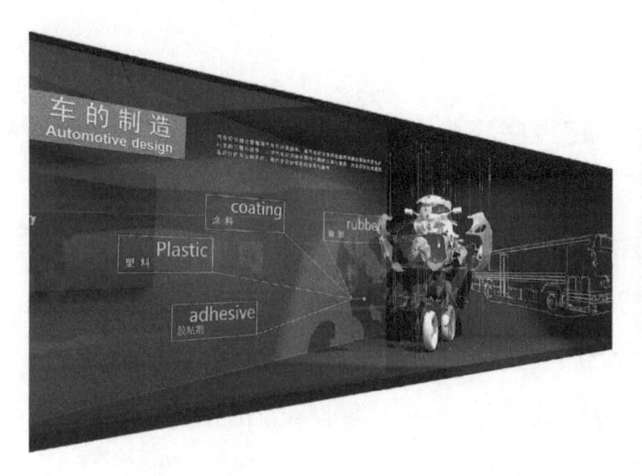

雾霾、节能减排及更加严格的油耗法规，使国内车企们都不遗余力地开发汽车轻量化技术。汽车轻量化主要体现在汽车优化设计、合金材料及非金属材料应用上，其依次为汽车减重10%～15%、30%～40%、45%～55%。工程塑料等非金属材料的“减重”效果明显，其用在汽车上的主要作用是使汽车轻量化。目前，越来越多的汽车部件开始采用工程塑料替代金属制件。

塑料复合材料的性能非常适合车身轻量化的要求。汽车塑料件相对密度低，一般塑料的相对密度为0.9～1.5，纤维增强复合材料相对密度也不会超过2。而金属材料中，A3钢的相对密度为7.6、黄铜为8.4、铝为2.7。以塑代钢制作车身和内饰外装件，可减轻汽车自重，达到节能目的。汽车自重减少50kg，1升燃油行驶距离可增加2千米。若自重减少10%，燃油消耗就可降低6%～8%。减轻汽车自身质量也是降低汽车排量、提高燃烧效率最有效的环保措施之一。许多类型的高分子复合材料都在车身轻量化和环保化过程中得到了施展才能的舞台。

采用车用塑料复合材料，还有助于汽车向个性化方向发展。塑料制品的设计自由度大，可制成透明、半透明或不透明制品，而且外观多种多样。另外，塑料加工性能好，复杂制品可一次成型、批量生产，效率高，成本低，经济效益显著。如果以单位体积计算，生产塑料制件的费用仅为有色金属的1/10。在安全方面，单位质量的塑料抗冲击性不逊于金属，有些工程塑料、碳纤维增强塑料还远高于金属。

4. 传统轮胎不断迎合时代潮流

轮胎是汽车的重要部件之一，它直接与路面接触，和汽车悬架共同来缓和汽车行驶时所受到的冲击，保证汽车有良好的乘坐舒适性和行驶平顺性。还要保证车轮和路面有良好的附着性，提高汽车的制动性和通过性。

1834年，美国康涅狄格州的查尔斯•固特异受焦炭炼钢的启发，开始进行软橡胶硬化的试验。他发现，硫化橡胶受热时不发黏，而且弹性好。于是，硬化橡胶诞生了，橡胶轮胎制造业从此应运而生。橡胶轮胎的出现是汽车进一步发展的先决条件。现在的固特异轮胎的名称，就是为了纪念橡胶之父查尔斯•固特异。

传统轮胎由于添加了有致癌作用的橡胶配合剂，随着胎面磨损散发在空气中，严重污染了环境，同时世界上每年有数亿条轮胎被废弃，它们不但占据大量空间，而且难以分解，对环境造成了极大威胁，被人们称为“黑色污染”。

有鉴于此，橡胶轮胎行业在大力降低滚动阻力的同时，非常注重研发、使用不污染环境的新型材料制造的轮胎。目前，新型轮胎主要包括绿色轮胎、

仿生轮胎、智能轮胎、跑气保用轮胎和超高行驶里程轮胎。

绿色轮胎是指采用新材质和设计，具有低滚动阻力、高抗湿滑性和高耐磨的子午线轮胎。在汽车行驶中，约20%的汽油是被轮胎滚动阻力所消耗，使用绿色轮胎就可以减少这方面的能耗。在大量的汽车使用绿色轮胎以后，每年将为全球节省数百万桶石油，并显著减少一氧化碳排放量。

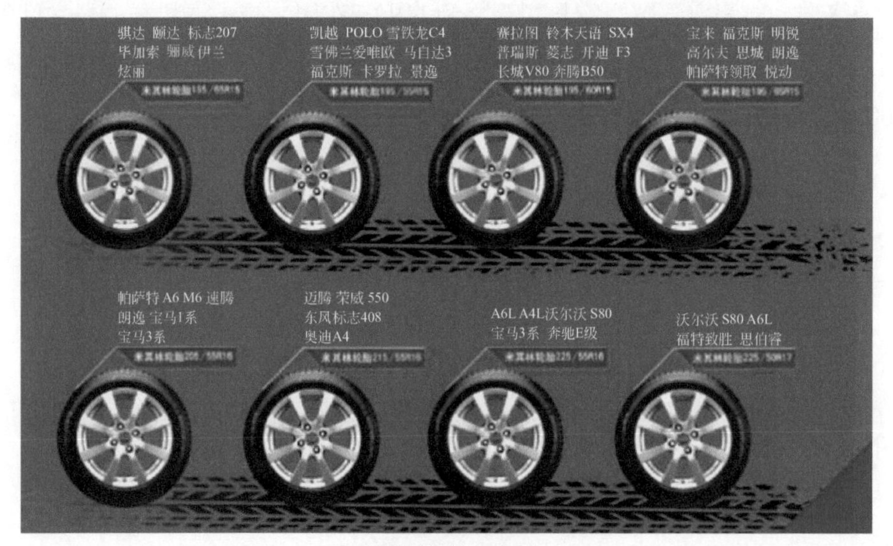

米其林轮胎适用车型

① 天然橡胶（NR）

现在大多数汽车轮胎材料的主要成分是天然橡胶或者合成橡胶，天然橡胶的综合性能胜过合成橡胶，所以高级轮胎多用天然橡胶。目前主要通过改性使得天然橡胶适应当今绿色环保的要求。改性方法很多，主要有环氧化改性、粉末改性、树脂纤维改性、氯化改性、接枝改性和共混改性等，目的是提高天然橡胶的综合性能，弥补天然橡胶的性能缺陷。当前与绿色轮胎相关的研究主要集中在天然橡胶复合材料方面，其中比较适用于市场需要的白炭黑/天然橡胶共混胶，已有部分产品用于轮胎生产中。

接枝天然橡胶，目前研究得最多的是甲基丙烯酸甲酯与天然橡胶接枝共聚，接枝后伸长率大，硬度高，具有良好的抗冲击性能、耐屈挠龟裂、耐动态疲劳性能和较好的可填充性。工业上主要用来制造具有良好冲击性能的弹性制品，如无内胎轮胎中的气密层等。

② 合成橡胶

除了改性天然橡胶以外，广泛应用于绿色轮胎的合成材料主要包括溶聚丁苯橡胶、乳聚丁苯橡胶、顺丁橡胶和其它聚合物弹性体。溶聚丁苯橡胶主要应用于绿色轮胎胎面，可根据要求在生产中对链节终端进行改性。所谓链节终端改性，是在聚合物生产过程中，添加一定的化学添加剂来改变聚合物链节终端，显著增强聚合物与炭黑之间的相互作用，减小填料与填料之间的相互作用，从而降低轮胎的滚动阻力。现在我国每年生产的合成橡胶已超过5000吨。

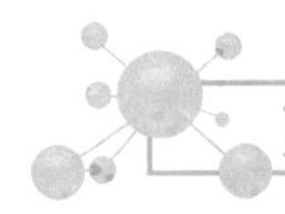

第2节　高铁时速突破500公里大关：厉害了，新型材料

1. 高速列车实现轻量化的关键是新型材料

目前，金属材料制造的传统结构列车在不断提高速度的同时，加大了振动、冲击、阻力和噪声问题的解决难度。而且，在应对诸如高原、沙漠、高温、高寒及高海拔等复杂多变的服役环境时，现有材料显得越来越力不从心。比方，铝合金车体存在应力腐蚀、外表处理困难、焊接要求高、疲劳强度低的问题。不锈钢车体存在封闭性、局部屈曲、焊接变形等问题。碳钢车体存

突破500km/h大关的中国高铁列车和谐号

在易腐蚀、不利于轻量化、焊接变形大等问题。

如何实现高速列车的轻量化和环境适应性，降低轴重（轴上的负荷），平抑速度的不利因素，解决轻量化与各种性能，比如强度、振动、噪声、隔热和辐射的矛盾，世界各国都开展了大量的研究工作，旨在快速推进各类新型材料在轨道交通领域的全面应用。

（1）碳纤维增强复合材料

轨道列车运行速度越高，对轨道的冲击力越大。因此迫切地希望实现列车轻量化，从而可以减少列车行驶过程中对轨道的损伤和能耗。

我国碳纤维增强复合材料在轨道交通领域的应用研究起步较晚，但发展迅速，目前已完成了次承载件和零部件的研制与应用，包括高速列车司机室头罩、裙板、受电弓导流罩和内饰板。

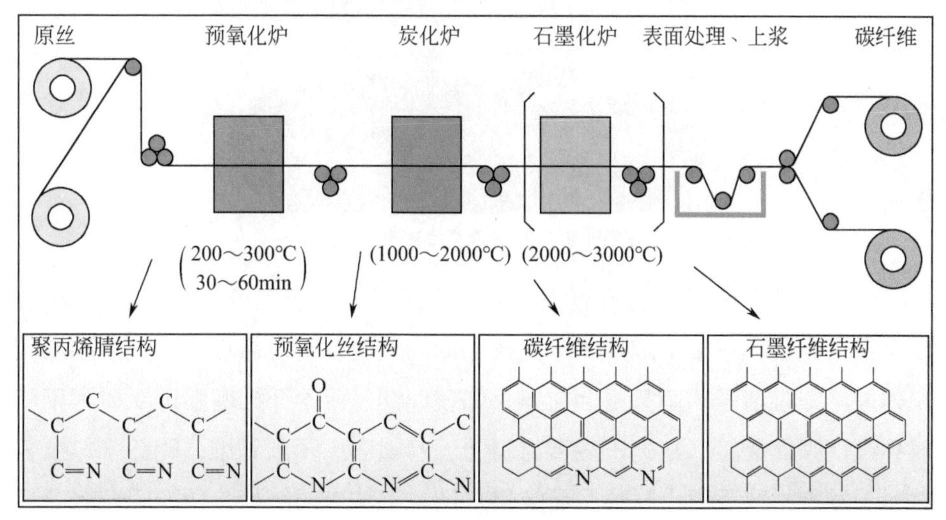

碳纤维生产工艺流程

在列车高速行驶的时候，动力学前端所受到的阻力很大，约占列车运行总阻力的50%，因此优化轨道列车动力学前端的结构，可以降低能耗，提高列车运行的稳定性。碳纤维增强复合材料制造的动力学前端，可以承受很大的正负压，强度和刚度都可以满足列车的运行要求。

2011年年底，在中车四方股份落成的500km/h高速试验列车上，采用了碳纤维复合材料车头罩。其抗冲击性能和力学性能优良，能耐住1kg铝弹的

660km/h高速撞击。可以承受350kN的静载荷。阻燃性能达到S4级。司机室的内饰板采用玻璃纤维+纸蜂窝结构，减重30%。受电弓导流罩利用中空织物整体成型，减重约50%。

车体是轨道列车的重要组成部分，为了进一步减轻车体的重量，尝试采用新型复合材料替代原有的铝合金、钢车体材料。碳纤维目前应用最广泛的是在内饰件方面。车门、车窗和座椅都可以采用碳纤维复合材料进行改造，使车体重量大大减轻。列车的墙板、顶板和地板等，都有碳纤维复合材料的应用。

采用纤维增强树脂基复合材料的转向架

我国高铁在轻量化材料应用方面，采用了大量的先进复合材料。首先，复合材料高速列车车头成了“十三五”期间的技术研发重点。车头前端部和车体采用纤维增强树脂基复合材料，如玻璃钢、芳纶纤维增强环氧树脂和玻璃纤维增强聚酯等。在列车内装材料上，着重应用了碳纤维、硼纤维、橡塑材料、发泡材料及复合材料，而蜂窝夹层、泡沫夹层结构、功能层合板等复合结构则是车辆减重的发展趋势。这些新型聚合物具有高比强度（刚度）、耐疲劳、耐蚀、隔热、阻燃、可设计性强等诸多优点。车辆内装及设备主要包括装饰板、卫生间、座椅及水箱等，以铝合金和塑料复合材料为主，如装饰板采用铝合金上叠合一层不燃性的纤维增强塑料。

（2）减震降噪特种材料

如何保证车厢内乘坐的安全舒适，克服高速带来的冲击、振动和噪声？这就要用到减震降噪的特种材料。橡胶元件的弹性、耐疲劳、耐老化性能优

异，已在高速列车上广泛应用于防振、缓冲、隔音、密封和绝缘，以及弹性耦合件和空气橡胶簧等方面，其减振降噪作用特别显著，对高速列车的舒适平稳具有无可取代的作用。

橡胶元件最引人瞩目的应用，是转向架上的六连杆橡胶关节。转向架的构架是特别重要的高强度部件，关系到整个车辆的安全性。

车厢门窗采用橡胶密封条，不仅耐寒耐候，使用寿命长，更主要的是能适应高速运行中的风速和风压，橡胶密封条夹的压力必须大于风压。车厢连接棚的材料一般也采用耐候性好的橡胶、塑料或橡塑复合材料。

2. 轨道作用不容小觑

中国高铁的轨道系统，主要分为有砟和无砟两种轨道。京津城际高速铁路、武广高铁、郑西高铁和京沪高铁等使用的是无砟轨道。无砟轨道是指采用混凝土、沥青混合料等整体基础取代散粒碎石道床的轨道结构。无砟轨道由钢轨、扣件和单元板组成，轨枕是用混凝土浇灌而成，铁轨和轨枕直接铺在混凝土路基上。水泥枕与铁轨间采取了许多连接稳固的措施，因此整条线路水平误差不超过0.1mm。轨道的水泥枕、铁轨和地基间的连接处，均以聚氨酯弹性体填隙和密封。在轨道结构中，还采用了天然橡胶、氯丁橡胶、聚

中国高铁的无砟轨道

氨酯橡胶等弹性体作为钢轨夹垫、撑垫和轨枕的垫件。

轨道系统利用这些特种合成材料，一则使铁轨连接稳固，不因气候变化而位移。二则可起防震和消除噪声作用，增添旅客乘车舒适感。此外，由于无砟轨道可以采用长距离无缝钢轨，在高铁列车上几乎听不到传统火车哐当哐当的声音。没有了钢轨接缝，对于轨道列车的提速也大有帮助。

（1）高铁轨道板系统所使用的高分子材料

在高速列车轨道系统中，高分子阻尼减振材料的应用，可大幅减少列车运行产生的振动和噪声，减轻振动和噪声对沿线居民生活的影响。

弹性垫板是扣件系统（指用以联结钢轨和轨下基础的零件，其作用是将钢轨固定，保持轨距和阻止钢轨的纵横向移动）中的关键减振部件，大多为浇注成型聚氨酯微孔弹性体，在整个轨道系统舒适运行方面发挥了重要作用，其安装位置介于铁垫板与混凝土轨道板之间。我国京沪、武广、郑西客运专线已使用聚氨酯微孔弹性垫片，由于大量的振动能量被弹性垫板损耗，使传递给轨道板和基座的振动能量大大减小，延长了轨道板、混凝土基座和扣件整体的使用寿命。

1950年后，国外就开始采用橡胶材料作为钢轨垫件。1970年后，随着列车速度的提高，在轨道结构中采用了天然橡胶、氯丁橡胶、聚氨酯橡胶等弹性体作为钢轨夹垫、撑垫和轨枕的垫件。1980年以后，低发泡聚氨酯弹性材料已广泛应用于轨道结构材料。日本对百余种弹性材料进行筛选后认为，用反应注射成型法生产的低发泡聚氨酯材料最适合用作高速轨道材料。

绝缘轨距块也是高铁扣件系统核心零部件之一，其作用是在绝缘条件下限制钢轨在轨道板中位移和缓冲减振。绝缘轨距块是以尼龙为基体树脂，玻璃纤维为增强材料的复合材料制成。绝缘轨距块作为减振部件，不仅要求材料具有高强度、高耐磨、高绝缘电阻和自润性等特点，还应具备高弹、高韧及合适的静刚度等特性，以保证提供足够的缓冲减振性能，减少噪声和动能向轨道板传递。

（2）新型轨枕材料层出不穷

轨枕又称枕木，它既要支承钢轨，又要保持钢轨的位置，还要把钢轨传递来的巨大压力再传递给道床。

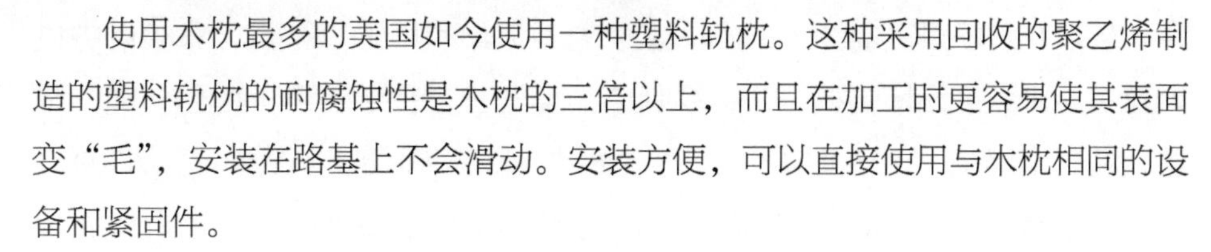

使用木枕最多的美国如今使用一种塑料轨枕。这种采用回收的聚乙烯制造的塑料轨枕的耐腐蚀性是木枕的三倍以上，而且在加工时更容易使其表面变“毛”，安装在路基上不会滑动。安装方便，可以直接使用与木枕相同的设备和紧固件。

聚氨基甲酸酯枕木是采用玻纤增强的聚氨酯微孔弹性体制成的，其外观像木材，同时具备天然材料和合成材料的优点。它可以用螺丝拧紧、钉牢或用传统锯木工具加工。由于轻质聚氨酯和玻璃纤维的封闭式细胞结构，它吸收的水分微乎其微。由于材料纤维的加固，聚氨酯枕木的高压缩力和张力使其成为目前科技含量最高的建筑材料。

为适应高速列车的提速要求，开发聚氨酯枕木以取代或部分取代混凝土枕木是未来高铁轨道的发展趋势。与其他材料相比，聚氨酯枕木具有卓越的耐久性并可降低其寿命周期成本。在西欧，该技术已有较成熟的研制和应用经验。在日本，聚氨酯枕木已有25年的使用历史，应用量达300万根，贯通日本全国的高速铁路系统新干线就是采用的这种枕木。日本生产的聚氨酯枕木在我国广州、上海和台湾地区都得到了部分应用。拜耳材料科技公司研制的Bayflex微孔聚氨酯弹性体枕木，计划用于中国的高铁建设。

第3节　一代材料、一代飞机

在航空制造发展的过程中，材料的更新换代呈现出高速的更迭变换，材料和飞机一直在相互推动下不断发展。“一代材料，一代飞机”成为世界航空发展史的一个真实写照。

1．空客一马当先

空中客车系列飞机，是欧洲空中客车工业公司研制的双发宽机身中远程喷气式客机。空客是首家在大型民用飞机上广泛采用复合材料的飞机制造商。A310率先采用复合材料垂尾盒。A320率先采用全复合材料尾翼，A340-500

和A340-600率先采用碳纤维增强型复合材料大梁和后压力隔框。A380的中央翼盒主要由碳纤维增强型复合材料制造，比先进的铝合金可以减轻1.5吨的重量。近三十年来，空客飞机的复合材料结构重量日益增加，从最初的A300飞机的不足5%，到A380飞机的25%，再到A350XWB的50%以上。

世界最新一代碳纤维复合材料远程宽体飞机空客A350WB

空中客车公司率先使用碳纤维增强型复合材料替代金属材料。与传统的飞机材料相比，碳纤维增强型复合材料具有强度高、质量轻、抗腐蚀和超级耐久性等优势。2014年12月22日交付启动用户卡塔尔航空公司的空客A350XWB飞机，成为空客公司发展战略的完美体现，其目标是飞机的每一个部件都采用最适宜的材料制造。

A350XWB系列代表了行业内复合材料技术的最新进展，其中复合材料、轻金属材料和硬金属材料的比例分别是52%、20%和21%，在空客飞机上第一次实现了复合材料的用量超过了金属材料。A350XWB机型采用的增压型多板式复合材料机体是一项重大进展，这项技术已在A380飞机上得到验证。空客公司认为，每一种材料（无论是金属材料还是复合材料）都有其自身的优势，空客飞机的机体总是各种材料的最佳搭配使用。这些先进材料技术使得A350XWB具有无与伦比的运营效率，其燃油消耗降低25%，排放降低25%，维护成本也大幅下降。

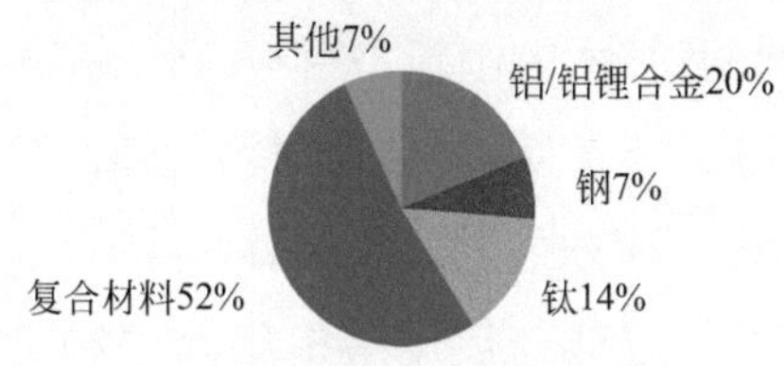

空客A350飞机上的复合材料用量高达52%

复合材料在空客各机型上的应用情况如下。

A310-300　5%垂尾、方向舵、升降舵+扰流板+副翼+短舱+前起落架舱门+整流罩（如雷达罩、机翼/机体整流罩）+机翼T/E检查口盖+水平尾翼、垂直尾翼、L/E和T/E口盖+吊架整流罩。

A320　10%以上各项+水平尾翼面板+襟翼+主起落架舱门+机覆整流罩（替代机翼/机体整流罩）。

A330/A340　10%以上各项+水平安定面油箱。

A340-500/600　11.5%以上各项+后压力隔框（增压）+龙骨梁。

A38　25%以上各项+后机身+尾锥+横梁+中央翼盒+机肋+襟翼轨道+首次在民用飞机上机体壳采用的GLARE（铝合金和玻璃纤维）。

A400M　35%以上各项+货舱门+外翼盒（蒙皮+桁条）。

A350XWB　52%以上各项+外翼底部+机体蒙皮+隔框。

根据空客公司与国家发改委于2007年签订的一项协议，空客A350XWB宽体飞机机身5%的部件在中国生产。空客与中航工业哈尔滨飞机工业集团有限责任公司等中方合作伙伴共同建设的哈飞空客复合材料飞机零部件制造中心，承担A350XWB飞机升降舵、方向舵、第19段维护舱门和机腹整流罩组建等工作包。中航工业成飞民机有限责任公司则承担扰流板和下垂板工作包。我国企业承担的部件设计工作由空客与中航工业共同建设的合资企业空

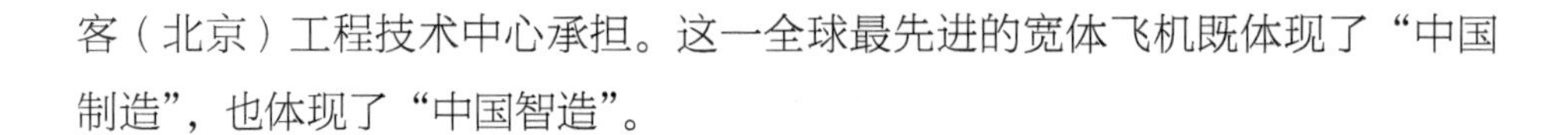

客（北京）工程技术中心承担。这一全球最先进的宽体飞机既体现了“中国制造”，也体现了“中国智造”。

2. 波音技术先进

波音是全球最大的民用飞机和军用飞机制造商。波音之所以取得举世瞩目的成就，与其新材料和技术的创新是密不可分的。以前国际上的大型客机采用的材料都是以先进铝合金为主，复合材料为辅，但到了波音787时，复合材料使用出现质的飞跃，不仅数量激增，而且开始用于飞机的主要受力件。

波音787梦幻客机，是波音民用飞机集团研制生产的中型双发动机宽体中远程运输机，属于200～300座级飞机，航程随具体型号不同可覆盖6500～16000公里。波音强调787系列飞机的特点是大量采用复合材料、低燃料消耗、高巡航速度、高效益及舒适的客舱环境，可实现更多的点对点不经停直飞航线。2016年5月25日，中国首架波音787-9梦幻客机正式进入国航机队。

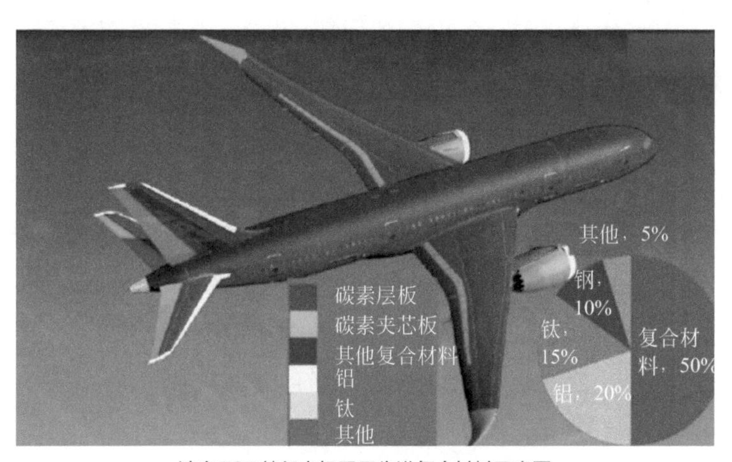

波音787梦幻客机采用先进复合材料示意图

波音787复合材料构件重量占全机结构重量的50％左右，是迄今为止复合材料用量最多的一个机型。其机身、机尾翼采用碳纤维层合结构。升降舵、方向舵保留了过去采用的碳纤维夹芯结构。发动机舱除受力大的发动机吊架外均采用碳纤维夹芯结构。整流罩采用玻璃纤维夹芯结构。

碳纤维与树脂、金属、陶瓷等基体复合，制成的结构材料简称碳纤维复合材料。碳纤维主要是由碳元素组成的一种特种纤维，其含碳量一般在90%以上。与一般碳材料不同的是，碳纤维的外形有显著的各向异性，可加工成各种织物，沿纤维轴向表现出很高的强度。碳纤维是一种力学性能优异的新材料，它的密度不到钢的1/4；碳纤维/树脂复合材料拉伸强度一般都在3500MPa以上，是钢的7～9倍；拉伸弹性模量为23000～43000MPa，亦高于钢。由碳纤维和环氧树脂结合而成的复合材料，由于其密度小、刚性好和强度高而成为先进的飞机结构材料。

3. 中国大飞机“三剑客”笑傲长空

我国自主研制的C919大型喷气式客机

2017年5月5日，在全国人民的关注和喝彩声中，浦东国际机场一架国产大型喷气式客机——C919完成了首次成功起降，中国民用航空随之也开启了新的篇章。中国人设计、制造的现代大型客机终于在37年后重回广袤的蓝天！2016年7月6日，中航工业研制的大型运输机运-20授装接装仪式在空军航空兵某部举行。2016年7月23日，我国第一架拥有完全自主知识产权的大型水陆两栖飞机AG600完成总装，从位于珠海的中航工业通飞华南公司装配中心下线。国产大飞机“三剑客”全面亮相，标志着我国真正拥有了自己的大飞机，成功跻身于世界上少数几个能自主研制200吨级大型机的国家之列。

（1）初心易得，打造中国民机产业和品牌

C919大型客机的一个显著特点是，先进材料首次大规模应用在国产民用飞机上，特别是第三代铝锂合金材料，先进复合材料用量分别达到8.8%和12%。这使得体型庞大的C919可以减重7%以上。

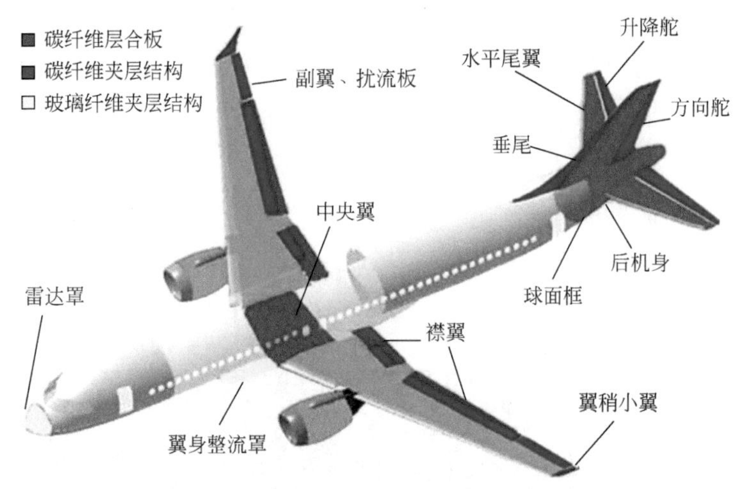

C919大型客机先进复合材料使用情况示意图

国产大型喷气式客机C919的碳纤维复合材料用量约为12%（飞机结构重量），部件为水平尾翼、垂直尾翼、翼梢小翼、后机身（分为前段和后段）、雷达罩、副翼、扰流板和翼身整流罩等。后机身前段由4块整体复合材料壁板、1个整体复合材料球面加筋框、6个复合材料C型框等组成，包含近600项零件。该部段是以新型复合材料为主体的主要机体结构。

虽然国外的先进客机空客A350、波音B787等复合材料用量已经达到50%以上（C919的竞争机型为A320和B737），但如此大规模地采用碳纤维复合材料，国内尚属首次。上述零件中，有大尺寸复合材料壁板结构（水平尾翼和垂直尾翼）、蜂窝三明治夹层结构（活动面）、大曲率变截面（后机身）等复杂结构，加之尺寸很大，使得制造难度增加。

另外，在中国航天科技集团公司一院703所牵头下，经过近3年的多家单位协同研发，国产阻燃玻纤增强环氧树脂和玻纤增强酚醛树脂预浸料两类复合材料取得重大突破，打破国外技术垄断，为大型飞机提供了内饰构件的原料。

预浸料是将连续纤维或织物预先浸渍树脂，经复合处理后制成的半成品。

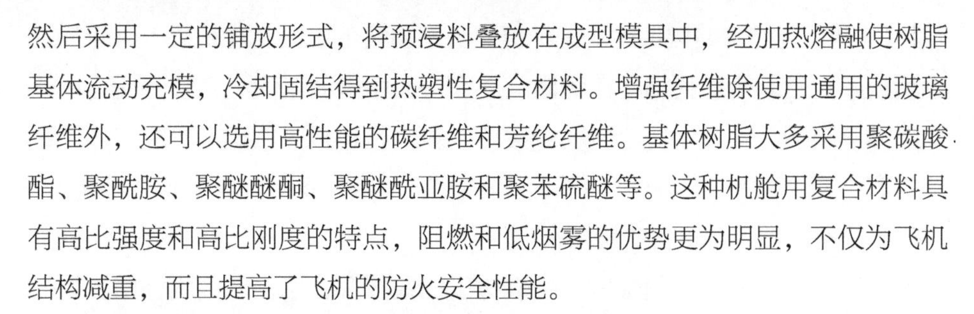

然后采用一定的铺放形式，将预浸料叠放在成型模具中，经加热熔融使树脂基体流动充模，冷却固结得到热塑性复合材料。增强纤维除使用通用的玻璃纤维外，还可以选用高性能的碳纤维和芳纶纤维。基体树脂大多采用聚碳酸酯、聚酰胺、聚醚醚酮、聚醚酰亚胺和聚苯硫醚等。这种机舱用复合材料具有高比强度和高比刚度的特点，阻燃和低烟雾的优势更为明显，不仅为飞机结构减重，而且提高了飞机的防火安全性能。

（2）始终坚守，把飞机“减肥”进行到底

中国航天科技集团公司专家在接受媒体记者采访时表示，C919的研制为了与国际看齐，约采用了30%的复合材料。而目前国外先进机型复合材料应用比例约为50%。“与国外相比，我们还有很大的进步空间。”

除了铝锂合金，飞机上使用的复合材料主要是碳纤维增强树脂基复合材料，具有高耐腐蚀、质量轻等特点，但价格大约是常规铝合金材料的几十倍，所以在机体结构中的用量只占到了12%。

碳纤维复合材料还应用于C919的LEAP-X1C型发动机中。飞机发动机具有“航空之花”的美誉，也是航空技术和工业积累的完整体验。LEAP-X1C发动机，是由美国通用电气与法国SNECMA各以50%资金比例合资建立的大型客机发动机生产商CFM国际公司研制的大型喷气客机发动机。它采用了18片赛峰公司研制的碳纤维复合材料风扇叶片以及美国通用电气公司研制的陶瓷基复合材料涡轮部件。

C919大型客机首架机逐渐成形

C919复合材料结构件的研制不仅保证了型号的研制，也积累了大量的经验和成果。在复合材料结构件的研制过程中，中国商用飞机有限责任公司还瞄准后续机型，开展了复合材料中央翼、复合材料机翼的预先研究工作，这使得国产复合材料结构件开始从目前的次承力结构逐步转向主承力结构件，这也是航空领域复合材料的最高水平。

同时，在低成本制造领域，也取得了一些成果，填补了国内空白。如先进的整体共固化技术、液体成型技术、热塑性复合材料原位成型技术等，这些预先研究也是国内外复合材料制造的研究、应用热点，通过上述工作，逐步缩小与国际的差距，并力争有朝一日实现在国内民机制造上的应用，进一步提高飞机的竞争性、降低全寿命成本。

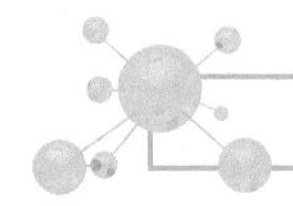

第4节　海上巨轮迎风斩浪向远方

1. 玻璃钢材料：建造现代化船舶

国内最长的玻璃钢游艇“kingbaby”号

1959年，美国建成世界上第一只玻璃钢捕虾船，船长9m。随即引发了一场现代船舶材料革命，玻璃钢渔业船舶发展十分迅速，日本、俄罗斯、英国、法国、德国和我国台湾省等相继淘汰了木质和钢质渔船，普遍推广使用中小型玻璃钢渔船。截至20世纪末，在主要发达国家，玻璃钢渔船的市场占有率已达90%以上。

2015年，国内最长的玻璃钢游艇“kingbaby”号在珠海鸡啼门水道举行下水仪式。这艘由先歌游艇制造股份有限公司制造的“巨无霸”长达42m。

玻璃钢学名玻璃纤维增强塑料，它是以合成树脂作为基体材料，以玻璃纤维及其制品（玻璃布、带、毡、纱等）作为增强材料，通过湿法接触或干法加压成型工艺制成的一种先进复合材料。根据基材的不同，分为聚酯玻璃钢、环氧玻璃钢和酚醛玻璃钢等。根据采用的纤维不同分为玻璃纤维增强复合材料、碳纤维增强复合材料和硼纤维增强复合材料等。由于其强度相当于钢材，但又含有玻璃组分，也具有玻璃那样的色泽形体和耐腐隔热等性能，历史上就形成了这个通俗易懂的名称“玻璃钢”。

玻璃钢应用到造船业中的时间不长，但已突显出其强大的生命力和广阔的发展前景。玻璃钢船舶当中不仅包括中小型船艇，如渔船、游艇、高速客船、公务艇、交通艇、救生艇、画舫船、帆船、竞赛用艇和扫雷艇等，还有可能发展出船长大于50m的大型船只。世界上2000多万艘6 ～ 20m左右的游艇中，玻璃钢游艇占比达到90%以上。

玻璃钢最大的优点是轻质高强，其相对密度在1.5 ～ 2.0，只有碳素钢的1/4，可是其拉伸强度却接近甚至超过了碳素钢。玻璃钢比强度即强度和密度的比值，可以与高级合金钢相媲美。某些环氧玻璃钢的拉伸、弯曲和压缩强度均能达到400MPa以上。玻璃钢基体和增强纤维的界面有效阻止了疲劳裂纹的扩展，使得疲劳极限从一般金属材料的40% ～ 50%拉伸强度提高到70% ～ 80%。因此，与同功率同、尺寸钢质船体相比，它的航速可提高1.5 ～ 1节左右。玻璃钢船艇的压载重心比较低，在风浪中起伏性好，增强了船体抗风能力。

玻璃钢船体耐腐蚀并可抗水生物附着，是传统的造船材料所无法比拟的。它的抗冲击韧性十分优异，整体成型，没有接缝和缝隙，所以船体不怕碰撞和挤压。树脂材料热导率低，耐热性高，尤其适合建造消防救生艇、渔船和冷藏船。玻璃钢船体表面能够达到镜面一般光滑，并且可以具有各种色彩，使得游艇和客船更加绚丽多姿。除此之外，这种船材可批量生产，无需维护保养，使用寿命长，造价和维修费用均有降低的空间，具有超强的综合性能。

玻璃钢游艇真空导入生产流程

除用玻璃钢材料制造整船外，使用玻璃钢制造船舶中的部分结构，也能达到提高船体性能的目的。比如，轻型复合材料在上层建筑中的应用，显著减轻了上层建筑的重量，对于小型船只（长度小于20m）来说，整船的重量减轻十分明显。由于玻璃钢的屈服应力约为钢的10倍，因此在钢结构与复合材料上层建筑连接处，产生疲劳断裂的可能性大大减小。

2. 纳米仿生材料：先进的船体防护技术

为了顺应复杂多变的世界发展格局，党中央提出“一带一路”、“海洋强国战略”、“海洋十三五规划”等一系列重大战略规划，为我国的航运事业和海洋经济带来了前所未有的发展机遇。在如此宏大的时代背景下，深入开发海中航行体防腐防污关键技术，积极促进海洋新材料行业的发展，已成为当前和将来的主要攻坚方向。

船体入水以后，海洋生物就开始在其表面附着，比如微生物，无脊椎动物像苔藓虫类，和藻类植物像藤壶等，并很快以几何级数进行繁殖。海洋生物的附着一直是航运业的一个主要阻力，它不仅增加了船体的重量、减少了载荷、增大了阻力、降低了航速，同时也使得燃油消耗量增加、进坞除污的频率增大。

舰船防护材料，是指为保护舰船装备免受海洋环境腐蚀和生物污染所应用的各种材料。深入研发和全面应用先进防护材料，对提高舰船的综合防腐和防海生物污染性能，进而提升舰船的航行性能、使用寿命和降低维护费用，都具有重要的意义。不言而喻，舰船防护材料技术的目标是安全、环保和高寿命。

大型海洋动物如鲨鱼、海豚和鲸的表皮，能够分泌出特殊的黏液，在其皮肤表面形成一种黏液层，这种黏液层不利于海生物的附着生长。聚乙二醇、聚乙烯醇、聚丙烯酰胺等水凝胶材料与海洋动物表皮的黏液具有很大的相似性，非常适合用来模仿研制水凝胶仿生防污材料。如聚乙烯醇凝胶可以抑制藤壶幼虫的附着，聚乙二醇凝胶对藤壶幼虫、石莼孢子、硅藻与海洋细菌具有较好的防污作用。

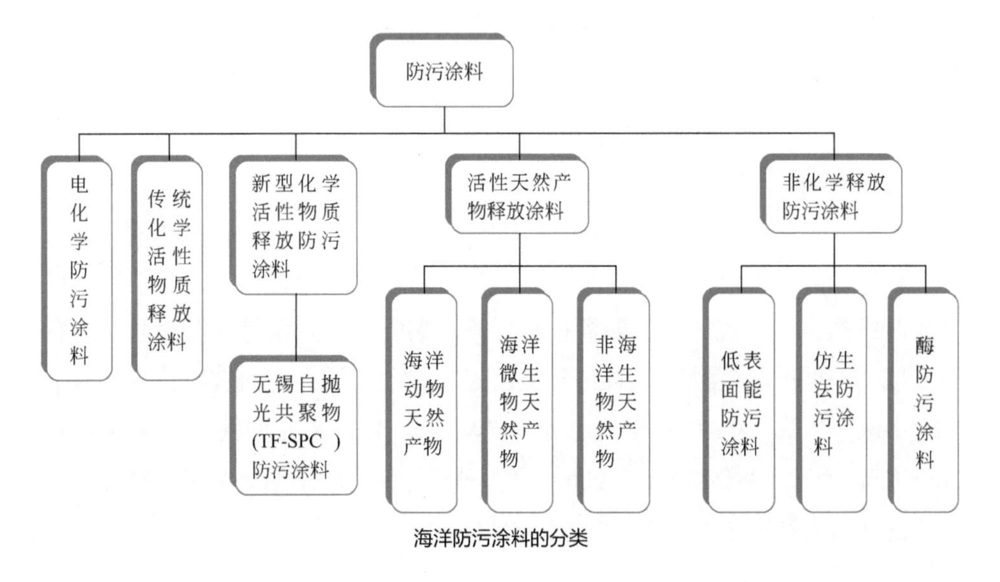

海洋防污涂料的分类

3. 多功能新型材料：隔热保温防火绝缘

在各类船舶上广泛应用的隔热保温材料，主要作用是维持舱室适宜生活环境、防火及对热力管道等进行隔热保温。其性能的优劣直接影响到船舶环境的舒适性、舰船的安全性与服役寿命。

海上火灾消防演练现场

船用高性能隔热保温材料，除了应当满足热导率低，容重低以及阻燃和低烟等基本性能条件之外，还需具备良好的耐盐雾性能和低吸湿性，以适应海洋行驶当中的高湿度、高盐雾环境，防止在使用过程中被腐蚀或因吸收水汽导致其热传导系数急剧上升。

（1）无机非金属隔热材料

无机非金属隔热材料，主要由多孔性的无机物组成，具有耐热性能优异、老化稳定性好、阻燃、无毒等优点。国内外船舶上广泛采用的无机隔热材料属于纤维类，如陶瓷棉、玻璃棉和岩棉等。陶瓷棉是陶瓷材料经高温熔融后吹制成的一种耐高温材料。国内于20世纪70年代开始生产陶瓷棉。其优点是热导率较低，如200℃时，热导率为0.05W/（m·K），在1200℃时仍为0.30W/（m·K）。耐火和耐热性能（>900℃）优异。特别适用于船体上温度较高的热力管道及耐火等级要求严格的舱室隔热材料。

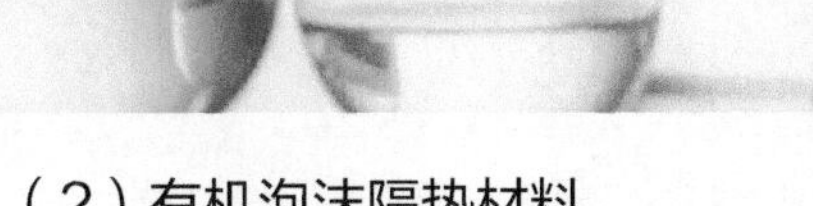

（2）有机泡沫隔热材料

有机泡沫隔热材料，是由聚合物材料经发泡形成的、含多孔的有机泡沫材料，兼具密度低、柔性好、热导率低、吸湿性差的优点。聚氨酯泡沫除具备上述特性之外，还同时具有耐老化、耐腐蚀、低吸湿、无污染等独特优势。船用聚氨酯泡沫是孔隙率在95%以上、以闭孔为主的硬质塑料泡沫。其压缩强度为0.196MPa，热导率为0.0233～0.0256W/（m·K），温度适用范围较广（−110～130℃），吸水率低（约0.2%），耐候性及尺寸稳定性较优，使用30年以上还能保持正常状态。聚酰亚胺泡沫是有机泡沫隔热材料中综合性能最为优异的一种泡沫材料，是由美国宇航局及其合作单位研发并成功应用于航天飞行器的隔热保温材料。聚酰亚胺泡沫密度低，为5～8kg/m^3，与粘贴的表面结合力强、耐冲击和振动。温域适应性广，在高温环境亦能稳定使用，同时在低温下可保持良好的力学性能。

（3）纳米气凝胶隔热材料

纳米气凝胶隔热材料，是一种由气体分散在有机高分子固相中形成的固体材料，具有网络和多孔性结构。依据其组成成分的不同，气凝胶可以分为无机氧化物气凝胶、有机高分子气凝胶及其衍生的有机碳气凝胶和无机碳化物气凝胶等类型。其中，有机高分子主要有酚醛树脂、聚氨酯和聚酰亚胺等。气凝胶中孔隙的大小在纳米数量级，孔隙率高达80%～99.8%，孔的尺寸为1～100nm，密度可低至3kg/m^3。由气凝胶制成的隔热产品应用于船舶时，不仅可以实现较传统材料更优的隔热性能，还能大大降低舰船的体积和重量。

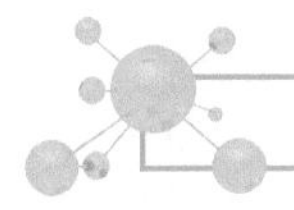

第5节　一双好鞋子穿出时尚与面子

1. 鞋底是舒适耐穿的关键

中国是世界公认的制鞋大国、贸易大国和消费大国。2015年，全国有鞋企3万多家，鞋类产量为140亿双，约占全球制鞋总量的70%。

运动鞋是根据人们参加运动或旅游的特点设计制造的。运动鞋的鞋底和普通皮鞋、胶鞋不同，一般都是柔软而富有弹性的，能起一定的缓冲作用。运动时能增强弹性，有的还能防止脚踝受伤。

鞋底的构造相当复杂，包括外底、中底与鞋跟等所有构成底部的材料。鞋底材料共同的特性是具备耐磨、耐水、耐油、耐热和耐冲击，以及易吸收湿气等条件。还要在走路换脚时有刹车作用，不至于滑倒及易于停步。鞋底用料的种类很多，可分为天然类底料和合成类底料两种。天然类底料包括天然底革、竹、木材等。合成类底料包括橡胶、塑料、橡塑共混材料、再生革和弹性硬纸板等。

在过去的70多年，鞋底制造业一直是伴随着化学工业的发展而成长起来的。19世纪40年代，硫化橡胶的问世，让人们找到了一种非常好的制鞋原料。胶料经过硫黄或过氧化物交联加工后制成硫化橡胶，特别适合做鞋底材料。1868年，第一双用硫化橡胶作平鞋底的网球运动鞋诞生，它标志着近代运动鞋的正式登场。

1876年，新利物浦橡胶公司采用新技术，制作槌球（门球）比赛的运动专用鞋。从此，橡胶底、帆布面的鞋子受到消费者的青睐，英国人给布面胶底运动鞋取了个绰号“Plimsolls”。采用硫化橡胶生产出来的所有类型的鞋底，轻便舒适，价格便宜，市场证实具有卓越的实用性与经济性，因此占据了橡胶类鞋材总量的50%以上。20世纪60年代研发的聚氨酯，以及90年代出现的EVA（乙烯-醋酸乙烯共聚物），应用到制鞋领域之后，也都相继迅速得到人们的青睐和市场的欢迎。

在鞋底材料，特别是运动旅游鞋材中，化工材料占据了绝对的优势地位。作为制鞋的大底材料，合成橡胶的应用最广，种类也很多。鞋底材料主要包括以下品种。材质功能最为全面的硬质橡胶，坚韧、防滑又很耐磨，用量第一。实用性最高的耐磨橡胶，顾名思义，就是其耐磨性非常好。可以回收再利用的，称为环保橡胶。含有空气从而提高了减震功能的，称为空气橡胶。柔韧性好，具有很强防滑功能的，称为黏性橡胶。此外还有在普通胶料里加入了碳元素，使得橡胶更加坚韧耐磨的加碳橡胶。

（1）橡塑合成鞋底

橡塑合成鞋底，又称仿皮底，是以橡胶为基料，加入10%～30%的合成树脂材料制成。橡塑合成鞋底属于高弹性材料，穿着轻快，没有响声，防滑耐磨。这样的鞋底既具有良好弹性，又有较高硬度，其性能类似天然皮革。

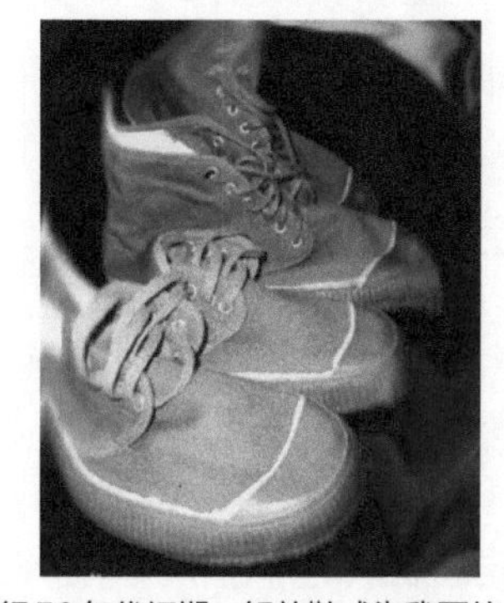
20世纪50年代初期，解放鞋成为我军的主力鞋

（2）牛筋鞋底

牛筋鞋底是一种淡黄色半透明的鞋底，因其颜色与性状似牛蹄筋而得名。牛筋鞋底可以用橡胶制作，也可用塑料制作，而以用苯乙烯系热塑性弹性体为主料制作的最为方便。该热塑性弹性体是以苯乙烯、丁二烯为单体的三嵌段共聚物，兼有塑料和橡胶的特性是热塑性弹性体中产量最大（占70%以上），成本最低，应用较广的一个品种。牛筋鞋底最适宜做休闲运动类的鞋子，不仅可以和水、弱酸、碱等接触，耐磨擦牢度强，表面摩擦系数大，而且绝缘性能也很优良。

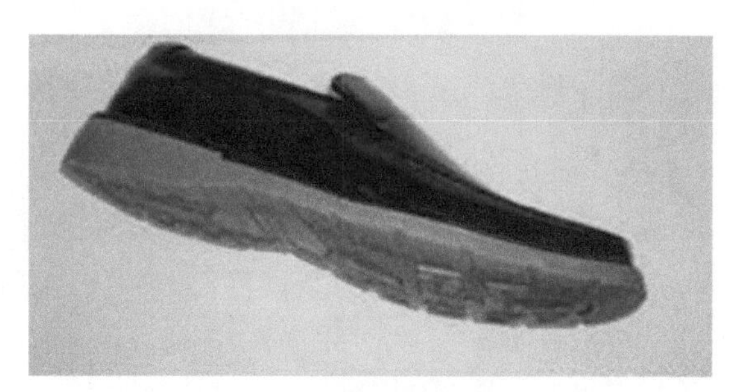
牛筋鞋底

（3）3D打印鞋底

由于新的运动项目的不断出现，研究和满足这些项目的需求，提供新型的、多

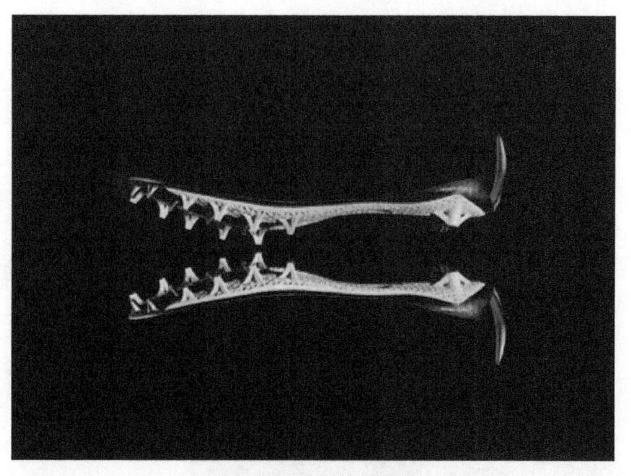
耐克首款3D打印鞋底

功能的替代材料，成为现代运动鞋研制的主题。耐克公司对运动鞋的研究最为广泛和深入，代表着当前世界运动鞋的研发和制造的最高水平。2013年，耐克公司对外展示了首款采用了3D打印技术的运动鞋鞋底——Nike Vapor Laser Talon。这款鞋底主要针对美式橄榄球运动员而设计的，其重量只有28.3克，在草坪场地上的抓地力表现非常优秀。另外，它还能加长运动员最原始驱动状态的持续时间。也就是说，这是一款可以赋予运动员更快速度和更大力量的鞋底。

2. 鞋面漂亮才是硬道理

通常鞋面材料还包括内里部分，鞋面应当具备以下优良性质：触感柔软、吸收空气、发散湿气，耐磨、耐水、耐热。最要紧的，还是应当外观时尚漂亮才行。

鞋面材料的种类繁多，主要包括天然皮革、人造革、帆布和尼龙布等。人造革是一种外观和手感似皮革的塑料制品。通常以织物为底基，涂布合成树脂及各种塑料添加剂混合物，加热塑化并经滚压压平或压花制成。基体材料分为棉布基、纤维基和合成纤维基三大类。棉布基皮革包括平布、漂白布、染色平布基人造革、帆布基人造革、针织布基人造革和起毛布基人造革。纤维基皮革分为纸基和无纺布基人造革。合成纤维基皮革主要是尼龙丝纺聚氨酯人造革。涂覆层原料主要有聚氯乙烯、聚酰胺、聚氨酯和聚烯烃等。

其中，聚氨酯合成革具有独树一帜的优势，既强调了功能性又强调了环保性，代表着合成革行业的未来发展方向。在国外，由于动物保护组织的宣传影响，加之生产技术进步，聚氨酯合成革的性能和应用大大超过了天然皮革。加入超细纤维后，聚氨酯的韧性、透气性和耐磨性得到了进一步加强。这种超细纤维增强聚氨酯仿真皮革，也叫再生皮，属于合成革中最新研制开发的高档皮革。超纤皮是目前最好的人造皮，皮纹与真皮十分

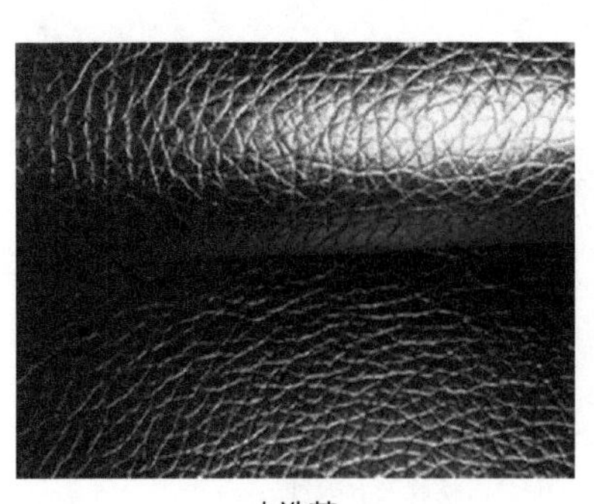

人造革

相似，手感有点柔软，外行很难分辨是真皮还是再生皮。不仅耐磨、透气、耐老化，而且柔软舒适，有着很强的柔韧性。超纤皮已成为代替天然皮革的理想选择。

运动鞋的色彩，是由其所使用材料本身反射的光所决定的。为了提高竞技体育运动的观赏性，运动鞋在色彩的运用方面，采取了多种色彩的搭配，借以提高其鲜艳程度。运动鞋在设计上，充分运用颜色的搭配，使运动的观瞻性和娱乐性大为提高，体现出了运动本身活泼、动感和明快的特色。

随着人们生活空间和活动范围不断扩展，大众运动与旅游出行成为现代社会的流行时尚，休闲运动鞋的种类越来越多，款式不断翻新，呈现出五彩缤纷、琳琅满目的发展趋势。人们不仅看重鞋子的运动功能，而且，更加注重其作为个人穿戴中装饰物品的视觉审美情趣。休闲运动鞋需要同时满足功能性、保护性、舒适性和时尚性的多样要求。

3. 制鞋工业用胶黏剂的智慧与创新

现代制鞋工业中，关键部位鞋帮和鞋底绝大多数以胶黏剂连接，以实现鞋子美观轻质，舒适耐穿，而且制作简便，可自动化和连续化操作。区别于

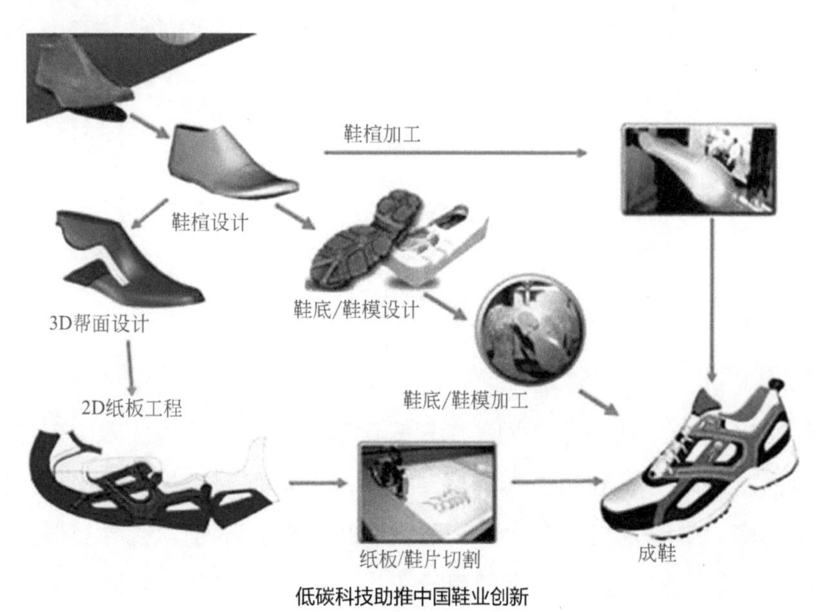

低碳科技助推中国鞋业创新

缝制鞋和模压鞋的制法，这种胶粘鞋工艺也称冷粘工艺，是利用胶黏剂将鞋帮、内底和外底连接在一起的工艺方法。由于鞋帮和鞋底黏合面材料的不同，所使用胶黏剂的类型和性质也不同。

曾经，我国制鞋企业在生产中有将近95%使用的都是溶剂型氯丁胶黏剂，年使用胶黏剂达60万吨，这类胶黏剂含有大量的甲苯、二甲苯、丁酮、丙酮和烷烃等有机溶剂，用量占胶水总重的80%甚至更多。这些有机溶剂都存在一定的毒性。另外，制鞋业中还广泛使用清洗剂、处理剂和上光剂等添加剂，这些原料中也大量使用有机溶剂。

随着人们自身健康意识的提高以及我国环保法规的日趋健全，质量好、无污染、与国际标准接轨的环保型胶黏剂——水基型和热熔型聚氨酯胶黏剂正逐渐成为我国鞋用胶黏剂行业的发展方向。水性聚氨酯是聚氨酯溶解或分散于水中所形成的二元胶态体系，含有羧基和羟基等基团，在适宜条件下，可使胶黏剂的分子产生交联反应。大多数水性聚氨酯是靠分子内极性基团产生内聚力和黏附力进行固化的。因此对许多合成材料，尤其是极性材料和多孔性材料均具有良好的粘接性。按照在水中的分散粒径不同，水性聚氨酯分为水溶液、分散液和乳液三类。采用水性聚氨酯为主要原料生产的水基型聚氨酯胶黏剂，无毒、不燃、气味小、无危险、无公害。黏度较低，软硬度可用水溶性增稠剂和水进行调节，残胶也容易清理。每双鞋的涂胶量要比氯丁胶黏剂减少一半。

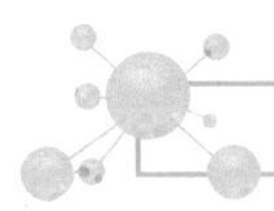

第6节　绿色出行成新宠

1. 自行车王国再创辉煌

自20世纪80年代以来，为了满足人民群众的实际需要，我国自行车行业得到迅猛发展。截至2013年年底，自行车社会保有量为3.70亿辆。截至2015年年底，电动自行车社会保有量为2.25亿辆。不仅为社会交通出行做出了突出贡献，也一直稳居全球自行车生产和消费之首，成为名副其实的

“自行车王国”。

近年来，自行车已具有集健身、旅游、竞赛等多种功能于一体的综合优势。越来越多的人认识到骑自行车更健康、更环保，视之为一种生活方式或休闲活动。尤其是90后，渴望创造骑行新风尚，形成社交新群体。在国家层面，也开始重振自行车交通的战略，提高自行车在道路交通中所占比重。

2016年年底以来国内突然火爆起来的共享单车

因此，自行车一改昔日作为主要交通工具的旧貌，朝着时尚、智能和轻量方向发展。2012年，韩国万都公司最新设计的无链条自行车，被称为世界上首款没有链条的混合动力电动自行车。像其它助踩式车一样，无链条自行车结合了人体动力和电子动力。英国欧洲航空防务与航天集团展示的空气自行车，虽然外形上并没有太多的特别之处，但却是采用添加剂层制造技术打印出来的。所用尼龙材料与钢铝结构一样坚固，但重量却减轻了65%。

2. 碳纤维自行车：高强度轻量化的综合体

目前，碳纤维自行车已经从中高档的竞赛用自行车，迅速普及成为大众代步工具。碳纤维材料主要应用于车架、前叉、轮组等。碳纤维车架的特征是重量轻、刚性高、冲击吸收性好。而且，采用碳纤维可以制造各种形状的车架，充分发挥了碳纤维材料的优异性能。

碳纤维自行车大致分成三类：所有配件全部采用碳纤维材料制成的全碳型自行车；采用铝合金+碳纤维制造的半碳型自行车，比如一个车架，可能上管会采用碳材料而其它部位则是铝合金，前叉臂用碳纤维，前叉管用铝合金制造；有些车架、车把、把立、曲柄、前叉、坐杆等配件，厂家用铝合金制作，然后在表层包了一层碳布，这就是包碳型自行车。

2015年，德国大众汽车集团子公司奥迪汽车公司在日本东京涩谷展厅发布了最新限量版的自行车设计Sport Racing Bike。这款超级轻巧的高端自行车售价几乎和低端汽车相当。它的车身框架为碳纤维材质，仅重790g，比5部iPhone 6 Plus放在一起还要轻。奥迪所使用的碳纤维材料名为T1000，由日本东丽株式会社所制作，奥迪旗下的赛车也使用了相同的材料。

2015年奥迪汽车公司推出的限量版全碳型自行车Sport Racing Bike

3. 安全头盔——骑行运动中生命的保护屏障

在骑行过程中，摔倒会对头部造成很大的损害，即使骑行者是以较低的车速沿着坡度平稳的自行车道行进，也同样不可忽视安全问题。佩戴安全头盔的原因很简单也很重要——保护头部，减少伤害。相关数据表明，在每年超过500例的骑车死亡事故中，有75%的死亡原因是头部受到致命伤害造成

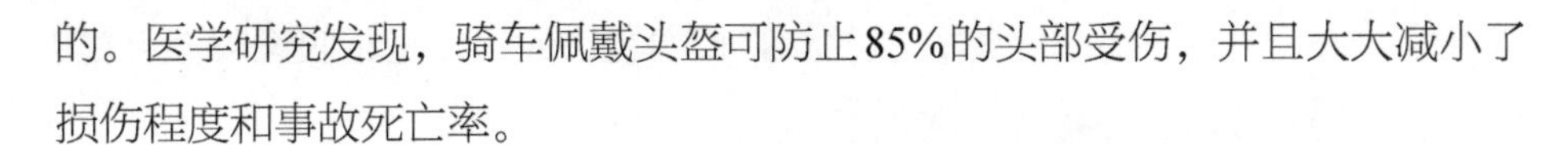

的。医学研究发现，骑车佩戴头盔可防止85%的头部受伤，并且大大减小了损伤程度和事故死亡率。

安全头盔是骑行运动中生命的保护屏障

自行车头盔属于一次性用品，当不慎跌倒的时候，头盔将缓冲冲击力，保护头部的安全。当然撞击后的头盔将报废，不能再次使用，哪怕几万元的专业头盔也是如此。所以平时头盔使用的时候也要注意，不要摔落，摔落后必将影响紧急时刻对头部的保护效果。

骑行安全头盔一般由几个部分组成：头盔最外层的帽壳，内部泡沫层构成的帽体，扣环和帽带，帽檐，气孔，用于调节松紧程度的旋钮，能吸收骑行过程中人体排出的汗液以及微量震动的衬垫。

自行车骑行安全头盔的主要材料构成有哪些呢？

头盔发展到现在，里面填充的保护材料主要是聚苯乙烯塑料发泡材料。它是一种抗高冲击性材料，具有抗震缓冲作用。其密度低、重量轻也是被应用到安全头盔的原因之一。还有另外一种保护内衬叫聚丙烯塑料发泡材料，也具有很好的抗击缓冲作用。尽管聚丙烯泡沫在受到撞击之后可以再次恢复使用，但是其吸收冲击力的强度远远不及发泡聚苯乙烯。聚合物泡沫材料的采用，主要因为它们很容易造型，其吸收能量的能力，也比较全方位。头盔设计师凭经验选择内衬材料的密度和厚度，经过设计使其能够满足标准冲击试验的技术要求：5m/s的恒定速度。

自行车安全头盔的外壳通常采用ABS，也就是丙烯腈-丁二烯-苯乙烯塑料。ABS的抗冲击性、耐热性和耐低温性能优良，并且具有易加工、制品尺寸稳定、表面光泽性好等特点，容易涂装和着色，还可以进行表面喷镀金属、电镀、焊接、热压和粘接等二次加工。

第7节 大数据

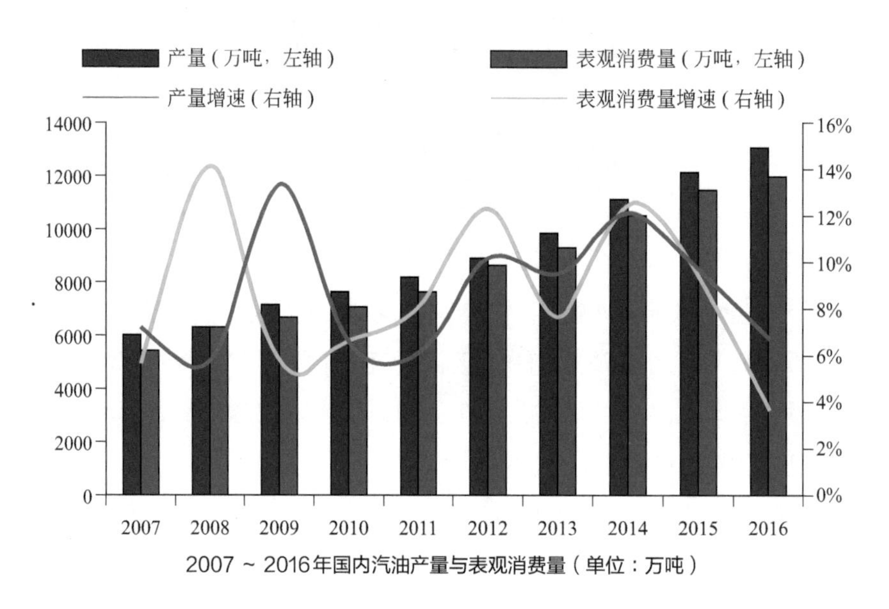

2007～2016年国内汽油产量与表观消费量（单位：万吨）

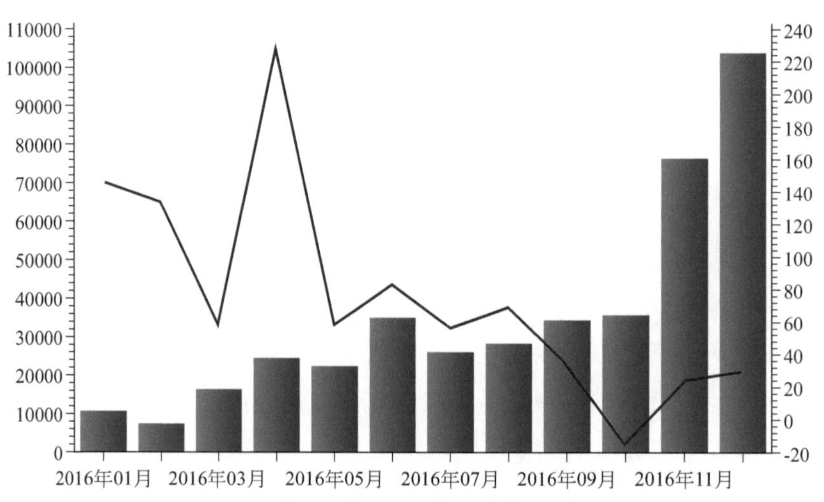

2016年1～12月我国纯电动汽车产量统计（单位：辆）

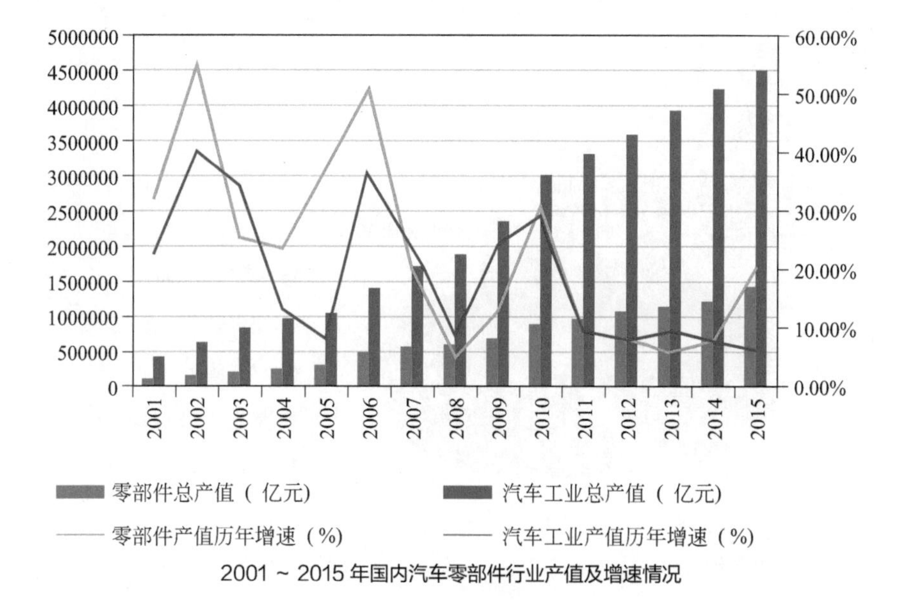

2001 ~ 2015 年国内汽车零部件行业产值及增速情况

2013 ~ 2020 年全球碳纤维市场需求预测（单位：吨）

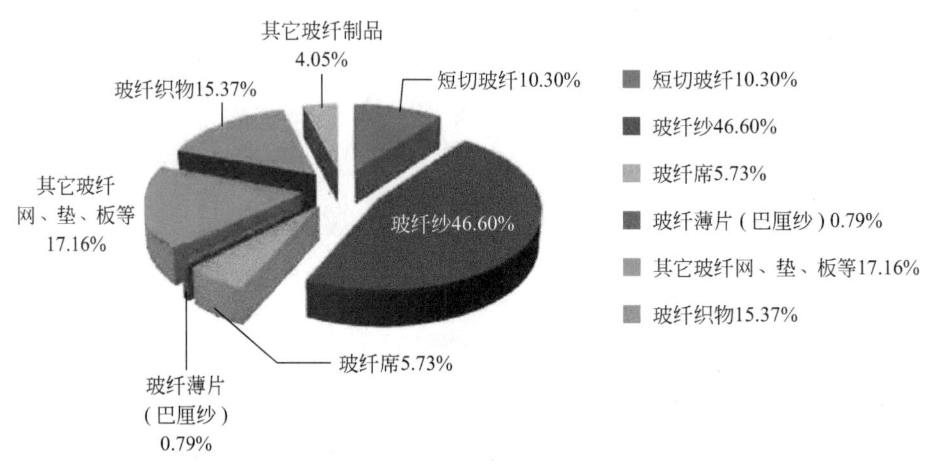

2016年热塑性与热固性复合材料产量比示意图

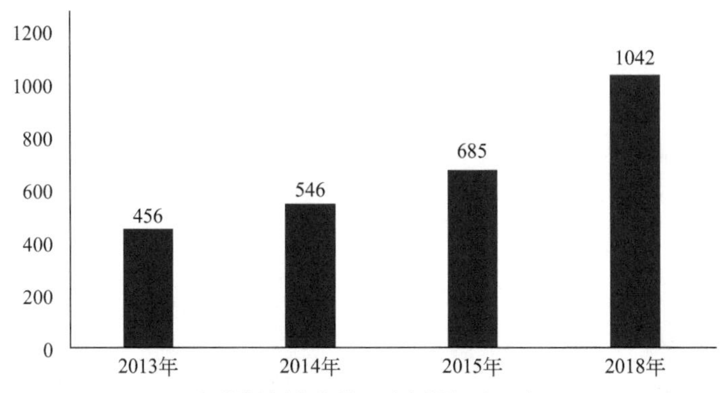

海洋涂料市场规模预测（单位：亿元）

第 5 章

天生我材必有用

——化工创造舒适方便的好日子

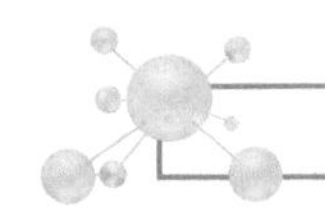

第1节　快乐“洗刷刷”，美丽全靠它

1. 洗涤剂和表面活性剂

衣料用洗涤剂

衣料用洗涤剂主要包括洗衣粉、洗衣液、洗衣膏和洗衣片。洗衣粉是一种碱性洗涤剂，主要成分是阴离子表面活性剂以及少量的非离子表面活性剂，另外还添加一些助剂，如4A沸石、硅酸盐、元明粉、酶以及一些其他小料等，经过混合、喷粉等工艺制成。表面活性剂在洗涤剂中起主要的作用，它可减弱污渍与衣物间的附着力，在洗涤水流及手的搓洗作用或洗衣机的搅动等机械力的作用下，使污垢从衣物表面脱离，以达到洗净衣物的目的。

洗衣液主要由表面活性剂、助剂、聚合物、酶等组成。表面活性剂通过润湿、乳化作用去除织物表面的污垢和污渍。在液体洗涤剂体系中，由于受到溶解度及其与表面活性剂的配伍的限制，无机助剂的加入品种和数量上都受到很大的影响，只能少量加入或不加。随着人们生活水平、环保意识的提高，具有省时、省力、省电、省水的多功能型、浓缩、绿色洗涤用品是近几年的发展方向。

膏状洗涤剂人们也把它称作浆状洗涤剂，外观为白色或浅黄色的细腻膏体，配方组成与洗衣粉相近，总固含量可以高达55%~60%，与洗衣粉相比，优点是在水中的溶解速度较快。膏状洗涤剂最早出现于20世纪70年代初。随着表面活性剂和洗涤剂工业的快速发展，以及消费习惯的变化，膏状洗涤剂快速退出了主体市场，近几年来市场上又出现了片状洗涤剂，也就是人们常说的洗衣片，它的主要组成与洗衣粉相近，另外加有成型剂。不管何种形态的衣料洗涤剂，其主要作用都是用于衣物的洗涤，另外附加一些柔软、抗静电、抑菌等辅助功能。

表面活性剂

人类最早发现的表面活性剂是肥皂，公元前2500年苏美尔人就用油脂与

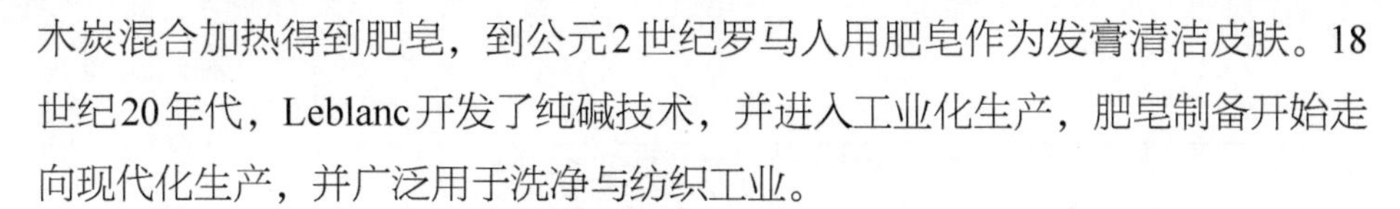

木炭混合加热得到肥皂，到公元2世纪罗马人用肥皂作为发膏清洁皮肤。18世纪20年代，Leblanc开发了纯碱技术，并进入工业化生产，肥皂制备开始走向现代化生产，并广泛用于洗净与纺织工业。

表面活性剂是溶于水且能够显著降低水的表面能的物质。具有固定的亲水亲油基团。表面活性剂有天然的，如磷脂、胆碱、蛋白质等，但更多是人工合成的，如十二烷基苯磺酸钠、硬脂酸钠等。表面活性剂的范围十分广泛（阴离子、阳离子、非离子及两性），可为具体应用提供多种功能，如发泡、清洁、表面改性、乳化、环境和健康保护。我国每年生产和消费的表面活性剂在200万吨以上。

2. 预防龋齿的含氟牙膏

人体缺氟为什么会患上龋齿呢？这是因为，我们每天吃的食物大部分属于多糖类。吃完饭后如果不刷牙，就会有一些食物残留在牙缝中。在酶的作用下，它们会转化成酸，这些酸会跟牙齿表面的珐琅质发生反应，形成可溶性盐，使牙齿不断受到腐蚀，从而形成龋齿。为了预防龋齿，人们研制出了各种含氟牙膏，它们中的氟化物会加固牙齿，使牙齿不受腐蚀。而且，有些氟化物还能阻止口腔中酸的形成，这就从根本上解决了问题。

牙膏是牙齿的保护神。从成分来看，牙膏中最重要的三种成分是摩擦剂、洗涤剂与香料。在牙膏中，摩擦剂一般占50%左右。在刷牙时，摩擦剂借助于牙刷的来回运动，摩擦牙齿，去除污垢，使牙齿变得洁白。洗涤剂主要是去污、杀菌、防止牙齿被龋蚀，清除食物碎屑与附着的污垢。牙膏中的香料不仅使牙膏馨香宜人，而且能减轻口臭。此外，牙膏还含有胶合剂，如淀粉、羧甲基纤维素、黄蓍树胶粉等。

口腔医学专家同时提醒，高浓度的氟对人体的危害很大，含氟牙膏的用量要小。此外，儿童还没有正确掌握刷牙技巧，同时氟化物可能影响儿童正常生长发育，因此儿童要少用含氟牙膏。

第2节 宝宝不哭的秘密

1. 纸尿裤为何超能吸水?

国家二胎政策的放开，带动了纸尿裤市场的火热。不少妈妈都好奇，一片薄薄的纸尿裤为何可以用2～3小时?高端品牌的纸尿裤吸收了多达1升的水量为什么摸起来还那么干?水到底去哪儿了?

(1)SAP(高分子吸水树脂)是最大功臣

纸尿裤的超强吸水能力以及锁水能力得益于它的吸水材料以及结构设计。纸尿裤一般有4层结构：表面层、导流层、吸收层、底层。婴儿将尿液排到体外，首先由纸尿裤的表层接收尿液并向下渗透，然后由无纺布制成的导流层接收表面层渗透下来的尿液，其中一部分尿液顺着空隙直接被吸收层吸收，其余部分液体沿着导流层纵向传导并扩散，扩大了吸收芯体的吸收面积，最后沿着导流层纵向扩散后的尿液渗透到下一层被均匀地吸收。

不少妈妈都以为，宝宝的纸尿裤里面是棉花，靠棉花来吸水的。其实，当你揭开纸尿裤的表层，你就会发现里面是一粒粒珠子状的小颗粒，这是纸尿裤里最重要的功能材料——高分子吸水树脂(简称SAP)。

SAP直径只有0.2mm左右，不溶于水，也不溶于有机溶剂，与传统的吸水材料如海绵、棉花、纤维素相比，SAP吸水量大，能吸收其自身重量数百倍、甚至上千倍的水。SAP之所以超能吸，是因为SAP是具有许多亲水基团的低交联度或部分结晶的高分子聚合物，水分子相当容易被吸引在它的分子上，挤在分子之间，从而使SAP颗粒膨大，并且融为一体。

纸尿裤使用后表面还能保持干爽，无论宝宝的小屁屁怎么挤压，纸尿裤的表面都不会有尿液反渗，这其中的奥秘也在于SAP。

棉花、海绵等是通过毛细管作用吸水的，仅通过物理空隙蓄水，在压力下会释放出水分，而SAP是化学吸附，通过化学键的方式把水和亲水性物质结合在一起成为一个整体，加压也不会有水流出。形象地说，就像米加了水煮成熟饭，饭粒中虽然含有大量水分，但是水不会流出来，面粉和水揉成面团，无论怎样挤压面团里面的水分也挤不出来。与米和面类似，SAP不仅吸水能力强，并且具有很强的锁水能力。

SAP是通过丙烯酸聚合而来，于1978年首次在日本开始商业化生产。起初，SAP的目标是应用于女性卫生用品，由于独特的强吸水性和锁水性，所以很快就在纸尿裤市场中大展拳脚。目前，SAP的全球产能大幅提高，其中最大的3家生产商——日本触媒、巴斯夫和赢创，每家的产能都超过50万吨/年，占全球产能的65%。国内有20多家SAP生产企业，产能近100万吨/年，约有5家企业的生产技术与产品质量比肩国际品牌，为我国纸尿裤生产提供了原料保障。

（2）绒毛浆也很有必要

纸尿裤的吸收层中除了SAP，还有绒毛浆。SAP和绒毛浆在吸收层中有不同的作用。SAP的吸水量和锁水量是绒毛浆的几十倍，而绒毛浆的导流分散作用更好，它的吸水速率大约是SAP的5 ～ 6倍，所以两者的性能具有互补性，合适的配比才能使纸尿裤达到最佳吸收速率和吸水效果。

当前，纸尿裤正向着轻薄化方向发展，纸尿裤中绒毛浆的含量越来越少，SAP的含量越来越高。然而，要想提升SAP在纸尿裤中的比例，并没有那么容易。

传统纸尿裤中，SAP和绒毛浆的比例只能做到4 ∶ 6，也就是SAP的比例只能达到40%左右。如果将SAP的比例提升到46%，绒毛浆的比例则为54%，那么芯体就很容易成团、断裂，严重影响使用效果。之后通过技术升级，纸尿裤中SAP的比例提升到48%，甚至能够与绒毛浆达到1 ∶ 1的比例。目前，国际品牌纸尿裤中SAP含量普遍在10 ～ 13g。

尽管少用甚至不用绒毛浆成为一种趋势，但目前在纸尿裤中使用绒毛浆是有必要的，可以帮助SAP在芯层中定位。

2. 水凝胶：解妈妈之忧

在以前，小孩一旦发烧后体温上升，家长往往急于给孩子服药打针。但是随着人们健康观念的改变，在应对患儿38.5摄氏度以下体热时，采用降温贴退热成为越来越多儿童家长的首选。

退热贴的核心是以高分子聚合物为主要原料合成的水凝胶。水凝胶含水量较高，可以通过水分挥发而起到持续物理降温的效果。其性能优劣在于含水量的高低，它决定着退热贴的使用寿命和功效。高含水的退热贴能够迅速且持久地带走人体多余的热度，快速降低体温，保护幼儿大脑不受高温损伤。

退热贴虽从日本开始流行，其技术已逐渐被我国化工新材料企业所掌握。

第3节　海水淡化有法宝——高分子膜材料与膜分离技术

水是生命之源，科学家判定一个星球是否具有生命的重要依据就是看是否有水的存在。在地球上，水虽然是最丰富的资源，覆盖地球表面71%的面积，但是地球上的水有约97%是既不能供人饮用，也无法灌溉农田的海水，淡水不足3%。而在这少得可怜的淡水中，87%左右的淡水又存在于南北极冰川里及大气和土壤深层中，人类方便直接利用的淡水资源仅占全球水资源总量的0.003%。

中国水资源总量为2.8万亿立方米。其中地表水2.7万亿立方米、地下水0.83万亿立方米。由于地表水与地下水相互转换、互为补给，扣除两者重复计算量0.73万亿立方米，不重复的地下水资源量约为0.1万亿立方米。按照国际公认的标准，人均水资源低于3000立方米为轻度缺水；人均水资源低于2000立方米为中度缺水；人均水资源低于1000立方米为严重缺水；人均水资源低于500立方米为极度缺水。中国目前有16个省（区、市）人均水资源量（不包括过境水）低于严重缺水线，有6个省、区（宁夏、河北、山东、河南、山西、江苏）人均水资源量低于500立方米。中国水资源总量并不算多，排在世界第6位，而人均占有量更少，为2240立方米，在世界银行统计的153个国家中排在第88位。中国水资源地区分布也很不平衡，长江流域及其以南地区，国土面积只占全国的36.5%，水资源量占全国的81%；以北地区，国土面积占全国的63.5%，水资源量仅占全国的19%。

地球表面虽然大部分被水覆盖，但水储量的97％为海水和苦咸水，这些水无法直接使用，要利用海水必须经过淡化。目前，全世界有一百二十多个国家和地区采用海水或苦咸水淡化技术取得淡水。据统计，海水淡化系统与生产量以每年10％以上的速度在增加。亚洲国家如日本、新加坡、韩国、印度尼西亚与中国等也都积极发展或应用海水淡化作为替代水源，以增加自主水源的数量。海水淡化的技术主要有蒸馏和反渗透膜法。有人估计，海水淡化可能是21世纪诞生出的一种新型的生产淡水的未来水产业。就目前经济技术水平而言，海水淡化的成本还是比较高的。

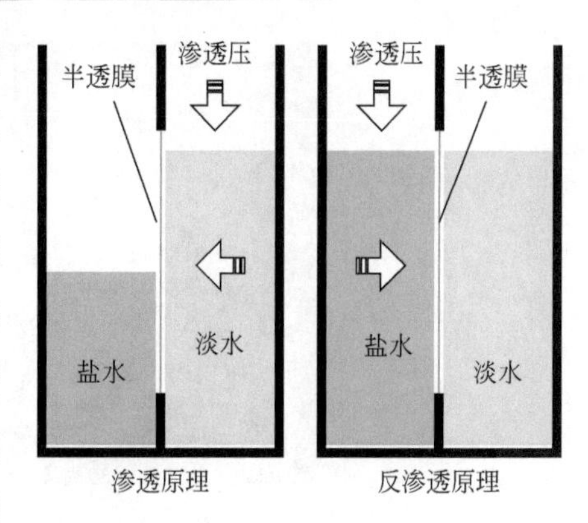

表面看海水淡化很简单，只要将咸水中的盐与淡水分开即可。最简单的方法是蒸馏法，将水蒸发而盐留下，再将水蒸气冷凝为液态淡水。这个过程与海水逐渐变咸的过程是类似的，只不过人类要攫取的是淡水。蒸馏法会消耗大量的能源，并在仪器里产生大量的锅垢，相反得到的淡水却并不多，这是一种很不划算的方式。1953年，一种新的海水淡化方式问世了，这就是反渗透膜法，这种方法利用半透膜来达到将淡水与盐分离的目的。在通常情况下，半透膜允许溶液中的溶剂通过，而不允许溶质透过。由于海水含盐量高，如果用半透膜将海水与淡水隔开，淡水会通过半透膜扩散到海水的一侧，从而使海水一侧的液面升高，直到一定的高度产生压力，使淡水不再扩散过来，这个过程是渗透。如果反其道而行之，要得到淡水，只要对半透膜中的海水施以压力，就会使海水中的淡水渗透到半透膜外，而盐却被膜阻挡在海水中，这就是反渗透法。反渗透法最大的优点就是节能，生产同等质量的淡水，它的能源消耗仅为蒸馏法的1/40。因此，从1974年以来，世界上的发达国家不约而同地将海水淡化的研究方向转向了反渗透膜法。

有机高分子材料目前已广泛用于反渗透膜应用于海水淡化技术中，其中最主要的两类高分子膜材料为醋酸纤维素和聚酰胺。

纤维素主要来源于植物，包括棉纤维、木材纤维和禾木科植物纤维等，是地球上最丰富的天然高分子化合物，大自然通过光合作用每年生产几千亿吨纤维素。纤维素由*D*-葡萄糖通过β-1, 4-苷键连接起来，羟基之间形成分子间氢键，结晶度高，高度亲水却不溶于水，分子量为100万～200万。纤维素的每个葡萄糖单元上有三个羟基，在催化剂（如硫酸、高氯酸等）存在下，能与冰醋酸、醋酸酐或乙酰氯发生酯化反应，得到醋酸纤维素。由于纤维素分子中的羟基被乙酰基取代，削弱了氢键的作用力，使醋酸纤维素分子间距离增大，具有透水速率大、耐氯性好、制膜工艺简单、血液相容性和生物相容性好等优点，除可用于海水淡化，还可以用于气体分离、血液过滤、药物控制释放等。醋酸纤维素膜的水通量和脱盐率与乙酰化程度有关，乙酰化程度越高，脱盐率越高，水通量越低。醋酸纤维素膜需要在35摄氏度以下使用，长期耐氯性可达1mg/kg，适宜pH值为4 ～ 6。

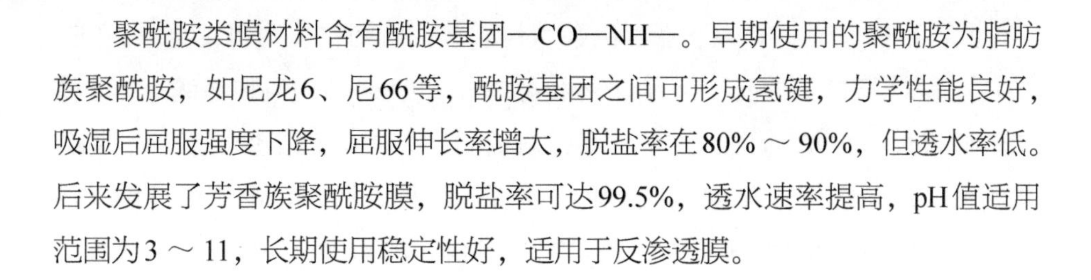

聚酰胺类膜材料含有酰胺基团—CO—NH—。早期使用的聚酰胺为脂肪族聚酰胺，如尼龙6、尼66等，酰胺基团之间可形成氢键，力学性能良好，吸湿后屈服强度下降，屈服伸长率增大，脱盐率在80% ～ 90%，但透水率低。后来发展了芳香族聚酰胺膜，脱盐率可达99.5%，透水速率提高，pH值适用范围为3 ～ 11，长期使用稳定性好，适用于反渗透膜。

第4节　塑料家族门道多

1. 庞大的塑料家族

塑料是一种以高分子聚合物-树脂为基本成分，再加入一些用来改善其性能的各种添加剂制成的高分子有机材料。塑料及复合材料质轻、美观、成本低，软包装空袋占用空间小，并且加工能耗低，生产方式灵活多样，可以制成多种形式的包装和容器，如包装袋、瓶、罐、软管、肠衣、热收缩膜、拉伸膜、特种功能膜、泡沫塑料容器，片材热成型的杯、盘、盆以及贴体包装容器和泡罩包装容器等。但塑料包装也有很大缺点，如某些卫生安全方面的问题、包装废弃物的回收处理对环境的污染问题，以及其耐温性和阻隔性总体不如金属和玻璃容器等。

近10年来，我国塑料包装材料的品种不断增加，包装材料产品年产量递增率超过10%，据估计，21世纪塑料包装市场还将增长7% ～ 9%。用于软包装的塑料主要是聚乙烯，约占软包装市场用塑料的80%；高密度聚乙烯（HDPE）占塑料硬包装市场的份额最大，约为45%，近几年一直保持大约7.3%的年均增长率；聚酯（PET）是需求增长速度最快的包装材料，主要得益于价格的降低和需求的增长率。PET瓶已进入新一代饮料、热填充瓶（90摄氏度罐装）、果汁和饮用水市场，正在向白酒和啤酒市场发展。

塑料中聚合物树脂占40% ～ 100%。塑料的性能主要取决于树脂的种类、性质及在塑料中所占的比例。食品包装用树脂主要包括聚乙烯、聚丙烯、聚氯乙烯、聚乙烯醇、聚苯乙烯等。

我们平时常见的矿泉水瓶、碳酸饮料瓶等，所用材料为PET塑料。PET学名为聚对苯二甲酸乙二醇酯，属线型饱和聚酯树脂，俗称涤纶。PET塑料是通过美国FDA认证，可与食品接触的材料，具有价格低、耐热、耐化学药品、透明性好、无毒无味、阻隔性好等特性，所以广泛用做纤维、薄膜、工程塑料、PET聚酯瓶等。PET瓶已有44年的历史，系美国杜邦公司于1970年所开发，1974年正式公开专利，1976年开始工业生产，由美国的百事可乐和可口可乐公司最先生产。它只能耐热至70摄氏度，易变形。只适合装暖饮或冻饮，装高温液体或加热则易变形，并放出对人体有害的物质。所以需要注意的是PET饮料瓶不要循环使用，不要装热水，不能放在汽车内晒太阳，也不要装酒、油等物质。

微波炉餐盒、保鲜盒一般使用微波炉专用聚丙烯（PP）塑料，微波炉专用PP耐高温120摄氏度，耐低温−20摄氏度，考虑到成本，盖子一般不使用专用PP，却用PET制造，由于PET不能抵受高温，放入微波炉时，需把盖子取下方可使用。

碗装泡面盒、快餐盒以及酸奶联杯包装的杯身所用材料均为聚苯乙烯（PS），又耐热、又抗寒，具有优良的硬度、热成型性、环保性及卫生性，此类片材容器包装的乳类制品可以放入冷藏库中，不易变坏，但不能放进微波炉中，以免因温度过高而释出化学物质（70摄氏度时即释放出）。需要注意的是不能用微波炉煮碗装方便面，并且不能用于盛装强酸（如柳橙汁）、强碱性物质，因为会分解出对人体不好的聚苯乙烯，容易致癌。因此，您要尽量避免用快餐盒打包滚烫的食物。

酸奶塑料瓶包装通常有两种材料：一是双向拉伸聚丙烯（BOPP）瓶，BOPP瓶具有优异的耐高温性，耐热温度超过100摄氏度，可经受超高温瞬时杀菌，也可以进行二次高温灭菌，瓶子不变形。其质轻、高透明、不吸潮，耐低温性也好，低温环境同样适用，不易破碎。此外其安全性、卫生性和内装物的口感保持方面也很出色；二是高密度聚乙烯（HDPE）瓶，无毒、无味，有良好的耐热性和耐寒性，化学稳定性好，耐酸，还具有较高的刚性和韧性，机械强度好，耐环境应力开裂性亦较好。在各种无菌包装材料中，HDPE瓶是最经济的一种，以1升容量包装计算，无菌冷灌装采用的三层

HDPE瓶比纸包装复合材料约节省50%的成本。

水壶、水杯、奶瓶所用材料多为聚碳酸酯（PC）。百货公司常用这样材质的水杯当赠品。PC胶遇热很容易释放出有毒的物质双酚A，对人体有害。使用时不要加热，不要在阳光下直晒。香港城市大学生物及化学系副教授林汉华称，理论上，只要在制作PC的过程中，双酚A百分百转化成塑料结构，便表示制品完全没有双酚A，更谈不上释出。只是，若有小量双酚A没有转化成PC的塑料结构，则可能会释出而进入食物或饮品中。因此，在使用此类塑料容器时要格外注意。

低密度聚乙烯（LDPE）为我们的日常生活贡献颇多，为保鲜膜、塑料膜的主要材料。LDPE耐热性不强，通常，合格的PE保鲜膜在温度超过110摄氏度时会出现热熔现象，会留下一些人体无法分解的塑料制剂。食物中的油脂也很容易将保鲜膜中的有害物质溶解出来，有毒物随食物进入人体后，可能引起乳腺癌、新生儿先天缺陷等疾病。因此，食物放入微波炉，先要取下包裹着的保鲜膜。

塑料包装虽然给人们的生活带来了极大的便利，但仍有不可忽视的缺点。

★回收利用废弃塑料时，分类十分困难，而且经济上不合算。

★塑料容易燃烧，燃烧时产生有毒气体。例如聚苯乙烯燃烧时产生甲苯，这种物质少量会导致失明，吸入有呕吐等症状，PVC燃烧也会产生氯化氢有毒气体，除了燃烧，就是高温环境，会导致塑料分解出有毒成分，例如苯等。

★塑料是由石油炼制的产品制成的，石油资源是有限的。

★塑料埋在地底下几百年、几千年甚至几万年也不会腐烂。

★塑料的耐热性能等较差，易于老化。

由于塑料无法自然降解，它已成为人类的第一号敌人，也已经导致许多动物死亡的悲剧。比如动物园的猴子、鹈鹕、海豚等动物，都会误吞游客随手丢的塑料瓶，最后由于不消化而痛苦地死去；望去美丽纯净的海面上，走近了看，其实漂满了各种各样的无法为海洋所容纳的塑料垃圾，在多只死去海鸟样本的肠子里，发现了各种各样的无法被消化的塑料。因此，近些年新型绿色可降解塑料已成为食品包装材料的研究热点。

2. 带你辨别塑料制品

为什么要留意塑料制品的标识?

生活中有很多塑料制品，如水杯、餐盒、奶瓶等。那么，是不是所有的塑料制品都是一样的呢？当然不是，如果你细心观察就会发现，在很多的塑料瓶的底部都有一个顺时针旋转的箭头三角形标志，中间还有一个数字编码，通常在三角形之下还会标明塑料材料的缩写，这是塑料制品标识，便于人们对塑料制品进行分辨与选择。

我国在1995年曾经颁布了《塑料包装制品回收标志》，随着塑料材料品种的迅猛发展，2008年新颁布了《塑料制品的标志》(GB/T 16288—2008)，替代了老标准。标准范围由塑料包装制品扩大至塑料制品，涵盖140种塑料材料的标识规范。

塑料制品中的数字包含着哪些信息?

标有“1”的表示它的制造材料为PET(聚对苯二甲酸乙二醇酯);

“2”是HDPE(高密度聚乙烯);

“3”是PVC(聚氯乙烯);

“4”是LDPE(低密度聚乙烯);

“5”是PP(聚丙烯);

“6”是PS(聚苯乙烯);

“9”是ABS(丙烯腈/丁二烯/苯乙烯三元共聚物);

“43”是PA(尼龙);

“58”是PC(聚碳酸酯)。

每个编号代表一种不同的塑料，制作材料不同，使用禁忌上也存在不同。一般使用者可以在废弃时根据标识进行回收分类，你的举手之劳，就是保护环境，绿色生活。

其实，世界上没有无用的垃圾，只有放错地方的资源，参与节约资源、循

环经济、绿色发展等活动是我们每一个公民应尽的责任和义务。

3. 塑料制品为何长寿了?

稍上年纪的人都知道，以前的塑料制品使用寿命较短，用上两三年就会老化、脆化、失去光泽，丧失使用价值。而现在的塑料制品不仅使用寿命延长，而且色彩鲜艳、用途广泛，这要归功于塑料抗老化剂。

自然界物质尤其是高分子材料都会逐渐老化。所谓老化，是指在光、热、氧、微生物、辐射等作用下大分子物质分子链断裂，从而使大分子物质粉化、脆化、光泽消失、表面龟裂、力学和电性能劣变，最终失去使用价值。科学家为了延缓大分子物质老化，经过长期研究，找到了抗老化的妙招。所谓抗老化，就是在大分子物质中添加抗氧剂和光稳定剂等稳定助剂，从而延缓分子链断裂或交联。

塑料抗老化剂可有效吸收波长为270 ～ 380nm的紫外光，主要用于不饱和树脂及含不饱和树脂的制品中，特别适用于无色透明和浅色制品中。其中，我国生产、消费的塑料抗氧剂分为4类：受阻酚类、亚磷酸酯类、硫代类及复合类。我国20世纪50年代开发了单酚受阻酚抗氧剂BHT，60年代开发了硫代酯类抗氧剂DLTDP、DSTDP，70年代开发了多酚受阻酚抗氧剂1010、1076，80年代开发了亚磷酸酯类抗氧剂168和复合抗氧剂215、225等。国产塑料抗氧剂的产品品种、产品质量，基本能够满足国内石化和塑料行业的需求，主要抗氧剂品种每年都有出口。

光稳定剂在塑料工业中的应用也有四五十年的历史，特别是对ABS树脂、聚甲醛更为重要。其他如聚酰胺、聚碳酸酯、丙烯酸酯树脂、纤维素树脂等有时也应用光稳定剂。塑料光稳定剂的使用不仅可以保护材料自身，而且对于易被紫外线作用的被包装物，如药物、食品等也有良好的防护效果。

4. 为了地球的未来

进入21世纪以来，保护地球环境、构筑资源循环型社会，走可持续发展道路，已成为世界关注热点和紧迫任务。生物降解塑料通过产品整个生命周期分析，已确认为环境低负荷材料。另外，相当一部分生物降解塑料的主要原料来自可再生的农业资源。作为有限的、日渐减少、日趋枯竭、不可再生的石油资源的补充替代，生物降解料已成为全球瞩目的焦点。

因此，生物降解塑料已成为全球研究开发热点，特别是完全生物降解更是未来发展的重点。在众多可生物降解聚合物中，已经进入工业化生产的聚乳酸异军突起，以其优异的力学性能、广泛的应用领域、显著的环境效益和社会效益，为全球塑料行业所关注。随着聚乳酸生产成本接近传统塑料成本，市场应用的大力拓展，其普及使用将进入高峰。另外，目前问世的完全降解塑料品种，成本降低可能性最大的是全淀粉塑料，因为它所需的原料淀粉是可再生资源，其单位价格远比传统塑料原料低，更不说与现在合成的可降解树脂比了。真正完全生物降解的全淀粉热塑性塑料制品将在塑料应用中占有一席之地。

目前，可降解塑料虽然还存在价格高、制备技术不成熟、消费者认知度不高等一系列问题，但是随着我国电子商务的快速发展，生物降解塑料的潜在市场是巨大的，发展可降解塑料包装制品是我国塑料工业的未来。毕竟，我们只有一个地球。

第5节　化工美天下，科技便生活

1. 小手机，大化工

2016年3月22日凌晨1点，苹果在加州总部库比蒂诺召开2016春季新品发布会，推出了新款手机iPhone SE。iPhone SE的最显著特点是小屏，便于人们单手操作。

或许有人对小巧这一特点不以为然，但你可知道，43年前，摩托罗拉的马丁·库珀博士研发出的全球首部移动电话重达1千克。即便到了20世纪90年代，手机进入中国人的视野，那时也被人们戏称为“砖头”，因为其体积

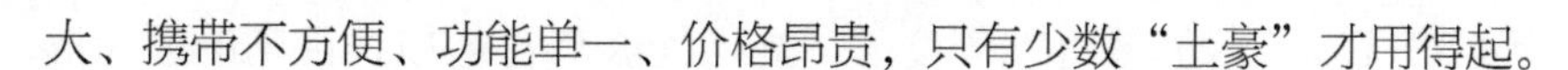

大、携带不方便、功能单一、价格昂贵，只有少数“土豪”才用得起。

据统计，目前我国拥有的手机数量已超过8亿部，手机机身也由当初硕大的“砖头”发展到如今的小巧玲珑和千姿百态。这离不开化学工业的进步，更是化工新材料和电化学发展的结晶。

（1）屏幕：化工材料让科幻成真

屏幕是手机与用户互动的主要窗口。早期的手机，屏幕都很小，功能主要用来显示电话号码。1987年，世界上第一款黑白屏手机诞生。1988年，彩屏手机首次出现，但屏幕也只能显示红色、绿色、蓝色和白色。

如今，智能手机已经相当普及，用户对屏幕分辨率和色彩显示的要求也越来越高。有的手机屏幕采用了氧化铟锡，即氧化铟和氧化锡的混合物，用于制作透明导电薄膜，有的手机屏幕采用的则是硅酸铝玻璃，一种氧化铝和二氧化硅的混合物。此外，稀土元素也被应用于智能手机屏幕颜色显示，还有部分化合物用于阻挡紫外线进入手机。

但铟矿不易开采，而且价格不菲，售价大约是每千克750美元。因此，采用氧化铟锡作为屏幕材料的生产成本一直不低，比如苹果手机的触摸屏模块占据了40%的生产成本。我国一位留美博士在去年合成了钒酸锶（钙）新材料，这类材料有潜力减少现有显示屏95%以上的材料成本，且导电、透光性能更强。

手机机身的趋势是日益轻薄短小，但用户却希望屏幕越来越大，这就促使了手机开发商朝窄边框方向设计与制造，进而对关键材料的特性要求更高。目前触控面板所使用的黑/白色边框，大多设计采用了油墨材料，但油墨缺点是图案分辨率不佳，无法符合手机细线宽及窄边框的需求。于是，有化工公司推出了应用在白色手机触控面板边框的白色光阻剂。白色光阻剂能均匀涂布于基材表面，精准控制膜厚，与基材间的附着性佳，也可广泛适用于单层与双层结构的涂布，显影宽容度佳。

化工新材料也让一些科幻电影中的东西成为现实。外国网友票选出了2015年度最佳手机排行榜，三星凭借一款Galaxy S6 Edge成功登顶。这款手机的最大特点，就是它是全球首款双曲面侧屏手机。

而曲面屏所采用的OLED（有机电极光显示）技术具有自发光的特性，采用非常薄的有机材料涂层和玻璃基板。当有电流通过时，这些有机材料就会发光，而且OLED显示屏幕可视角度大，并且能够节省电量。目前的曲面屏幕充分利用OLED的特性，使图像更加明亮生动，且最大程度减少眩光。

大屏手机增强了用户的体验感，但也让不少用户流泪，因为稍不注意手机掉地上，屏幕就碎了。或许在不久的将来，你的这一顾虑就将烟消云散，因为三菱化学集团研制出了生物工程塑料（Durabio）屏幕。这是世界首款可取代智能手机玻璃屏幕的植物基塑料，在性能上结合了PMMA（聚甲基丙烯酸甲酯）和聚碳酸酯的优点，相比常规聚碳酸酯更耐磨损，而且光学性能更好。

（2）电池：电化学技术层出不穷

电池是手机必不可少的动力之源。最初手机大如“砖头”，其中一个重要原因是化学电池技术落后，表现在电池充电时间长、待机时间短。为了给手机提供足够的电能，电池体积只能做得大一些。随着电池技术的进步，如今电池越做越薄，待机时间和充电速度与过去相比已不可同日而语。

现在，大部分智能手机使用锂电池，钴酸锂为正极，石墨为负极。2015年，全球手机和IT用锂离子电池行业累计完成产量达到50.72亿cell。然而，电池技术的进步虽然很快，但还是很难满足人们对手机电池性能的需要。“手机的电池太不耐用了”几乎成了所有人的烦恼。这也促使业界人士去开发更多的电池技术。

（3）外壳：注塑新工艺成就灵动造型

手机外壳伴随着手机从20世纪90年代初期到现在，经历了太大的变化。20世纪90年代初期，手机还是高档奢侈品，许多人买不起，即使买了手机，也因为高昂的话费而使用次数有限。那个时候的手机壳和现在比起来，可用“丑陋”来形容了。2007年，第一代智能手机在我国上市，因其独特的造型、卓越的品质和近乎完美的界面引起了人们疯狂的购买欲望，从而使智能手机迅速占领了高端手机市场前沿。

手机外壳从材料角度来分，大致分为两种，一种为镁合金壳，另一种为塑料壳，或者更准确地说是工程塑料壳。通用工程塑料一般有五大种，包括聚酰胺（PA）、聚碳酸酯（PC）、聚甲醛（POM）、聚对苯二甲酸丁二醇酯（PBT）及聚苯醚（PPO）。这些工程塑料价格低廉、可塑性强、容易着色，所以深受手机生产商的喜爱。其中，又数PC应用最为广泛。

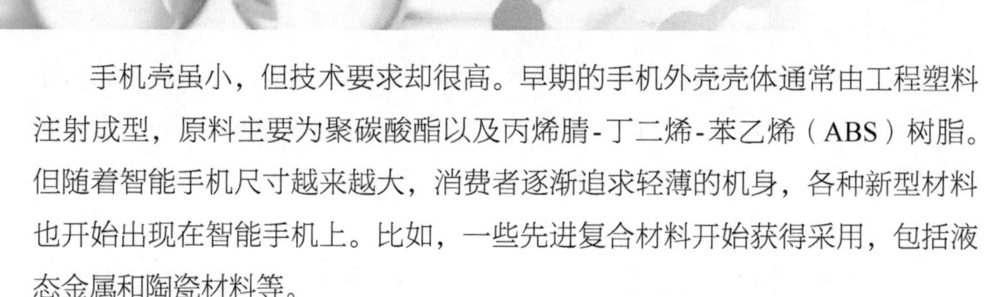

手机壳虽小，但技术要求却很高。早期的手机外壳壳体通常由工程塑料注射成型，原料主要为聚碳酸酯以及丙烯腈-丁二烯-苯乙烯（ABS）树脂。但随着智能手机尺寸越来越大，消费者逐渐追求轻薄的机身，各种新型材料也开始出现在智能手机上。比如，一些先进复合材料开始获得采用，包括液态金属和陶瓷材料等。

与此同时，人类对工程塑胶材料的改进也从未停止。随着3D辅助建模和注塑科技的革命，越来越多的手机设计师相信工程塑料并不一定比金属的质感要差。塑料材质可以实现更经济却更复杂的加工程序，还有更精确的钻孔与更快速的生产速度。

对于用户而言，黑白色的手机壳设计虽中规中矩，但传统思路已经造成了一定程度的审美疲劳，特别是随着手机行业逐渐走向同质化，用户也希望看到一些有新鲜活力的产品。太空银、深空灰、土豪金、玫瑰粉……各种彩壳手机一上市便受到了人们的追捧，这也得益于彩色材料工艺的进步。

未来，碳纤维手机壳或有望扩大占有率。碳纤维具有一般碳材料的特性，如耐高温、耐摩擦、导电、导热及耐腐蚀等。研究数据显示，碳纤维的强韧性是铝镁合金的两倍，而且散热效果更好。因此，从种种物理特性来看，碳纤维材料完全有望取代传统塑料外壳的材料。

2. 神奇的纳米世界

纳米是新闻吗？当然不是。纳米有新闻吗？当然有！中科院开发出新型纳米结构材料，为下一代核电装置结构材料的设计提供了思路；中科大开发了一种微型“纳米航母”药物递送体系，实现更加精准有效地抗肿瘤药物递送；一种拥有纳米涂层的新纺织品问世，能利用光进行自我清洁；纳米技术解决印刷难题……关于纳米的新闻刷屏科学界。今天，让我们一起来探索神奇的纳米世界。

（1）纳米是种什么“米”

如果说20年前，许多人还会为“纳米是一种什么米”而迷惑不解，那么今天，一个初中生甚至小学生都知道，纳米（nm）当然不是任何一种食物，而是一个很小的长度单位，和微米（μm）、毫米（mm）、厘米（cm）、分米（dm）、米（m）、千米（km）是同一个家族，$1nm=10^{-3}\mu m=10^{-9}m$。形象地说，假设一根头发的直径是0.05mm，把它径向平均剖成5万根，每根的厚度大约就是1nm。人的红细胞直径大概是6 ～ 9μm，可见光的波长是几百个纳米，病毒的大小约是几十个纳米，DNA分子直径约为2nm。更有意思的数据是，男性的胡须大概每秒钟会长长5nm。

这个以纳米为尺度来描述的空间，我们不妨称之为纳米世界。研究纳米世界中物质的运动变化规律的科学就是纳米科学，而实现人类对纳米世界的改造目的的技术就是纳米技术。当一种材料，在其三维空间中至少有一维处于纳米尺度范围时，就可以称之为纳米材料。

纳米世界的物质，不仅尺度纳米化，而且拥有许多与宏观体系、微观体系不同的特殊性质和有趣现象。比如，我们看到的金子是黄色的，但如果将金块纳米化，随着尺度的减小，金子就会陆续变成红色、紫色、蓝色直至变成黑色；再比如，银是导电性能最好的金属之一，但纳米化的银则是不折不扣的绝缘体。

纳米材料当然也有着不同于常规材料的优越性能。利用纳米粒子制成的纳米电子器件具有超高速、超容量、超微型、低能耗的特点；经过纳米改造的金属陶瓷，韧性、强度和硬度可以得到极大的提高；纳米催化剂具有很高的催化活性，而且具有无细孔、杂质少、能自由选择组分、条件温和等一系列优点。

纳米世界的神奇远不止如此，在纳米尺度下，材料可以被组装成各种有趣的形状，并具有不同的性能。如以C60、C70为代表的纳米碳球，与常规碳的同素异形体金刚石和石墨结构完全不同，物理化学性质非常奇特，如电学性质、光学性质和超导特性等。

（2）纳米科技改变生活

纳米科技如此神奇，如果能为人类所掌握，并让纳米产品全面走进我们的生活，该是多么美好的事情！实际上，中国古代人很早就有与纳米材料打交道的记载。比较典型的是古代的铸剑大师们，在铸剑时把头发、指甲或骨骼加入到钢中，提供了钢种缺乏的矿物质或金属，经过连续的敲打，铸成的剑就具有纳米结构，不但不会生锈，而且坚硬无比，削铁如泥。甚至有的铸

剑师如传说中的干将莫邪，不惜生命，以身伺剑，诚为痴者。

而人类制备纳米材料的历史也至少可以追溯到一千年之前。当时的中国人利用燃烧的蜡烛形成的烟雾制成炭黑，作为墨的原料或着色染料，现代科学家将其誉为最早的纳米材料。著名的“徽墨”即属此类。

中国古代的铜镜表面防锈层是由SnO_2纳米颗粒构成的薄膜。当然，那个时代的人们没有纳米的概念，也并不知道这些材料是由肉眼根本无法看到的纳米尺度小颗粒构成。

在科学技术迅猛发展的今天，可以说，21世纪是纳米时代，纳米材料的使用会使我们生活、工作、学习的各个方面发生质的飞跃。

最先受到影响的，当然是我们的衣、食、住、行等方面。通过加入具有特殊性能的纳米金属离子、金属氧化物，可以纺出抗菌纤维、抗紫外纤维。在合成纤维中加入纳米级SiO_2可制得高介电绝缘纤维，能够有效减少用电设备周围的电磁波对人体的心脏、神经，尤其对孕妇、胎儿的危害。

比较有意思的是，纳米光敏染料对各种不同波长的可见光敏感，因此可以感知周边环境的颜色并作出相应的调节，同时改变自己的色泽，变成与周边环境一致的保护色。利用它的这种特性，将这种光敏染料植入纤维内部，制成的服装就具有了可以调节成与周边环境一致的隐身功能。

纳米材料也应用在食品的包装和检测方面。例如在传统的抗菌保鲜膜材料中加入纳米银或者纳米TiO_2，可塑性、稳定性、阻隔性、抗菌性、保鲜性等都会得到显著提高。

在装修房子的时候，很多人会为新宅的刺激性气味头疼不已，纳米TiO_2涂料完全可以解决这个问题。除了拥有比常规涂料更优异的性能外，它还具有净化空气、除臭甚至杀菌的功能，对枯草芽孢杆菌、黑色变种芽孢杆菌的杀灭率达到99.8%。

此外，纳米SiO_2、纳米$CaCO_3$、纳米ZnO等在建筑涂料、绝热材料和新型混凝土改性剂中都有广阔的应用前景。

2005年环法自行车赛上，瑞士Phonak队的运动员骑着车架中含有碳纳米管的自行车参与比赛，这一款名为ProMachine的自行车车架重不到1千克，并且具有很好的刚性与强度。此车架的组件中只有五通主轴为铝合金，其余皆采用含碳纳米管的新材料。怎么样，够拉风吧？

21世纪是信息时代，纳米技术则是信息技术发展的基石。我们使用的电脑和智能手机的CPU能够更新换代，离不开纳米技术的不断发展。CPU的制造工艺已由0.18μm向0.13μm甚至0.09μm进军。此后，CPU制程从45nm（2007年）、32nm（2009年）、22nm（2012年）一直发展到目前的14nm（2014年）。据悉，英特尔下一代CPU将采用10nm制程。而在2015年7月，IBM公司则宣称研制出了第一款采用7nm制程的芯片处理器，有望实现对英特尔的弯道超车。手机芯片的发展也大致相同。韩国三星于2016年实现10nm芯片制造工艺的规模化应用。

纳米科技不仅会改变我们的个人生活，也将参与绿色能源、节能减排、环境保护、太阳能开发等一系列社会生活。

纳米催化剂可以迅速有效地净化汽车尾气，处理空气污染，包括含硫化合物、含氮化合物、一氧化碳和二氧化碳以及易挥发有机物。

而在污水处理中，以纳米TiO_2为代表的光氧化催化剂也大有作为，只需利用光照即可氧化分解污水中的有机物，比如染料、染料中间体等。美中不足的是，目前这一过程还需采用紫外光照射，无法充分利用太阳光中的可见光部分，科学家们正在研究如何高效利用可见光对有机物进行氧化降解。可以想象，假如这项技术能够走向工业应用，只需要有太阳光照，就可以轻松廉价地处理有机废水，这对于我们的环境保护有着重要的意义。

对太阳能的有效利用一直是人类新能源开发的梦想之一，光解水无疑是最理想的途径。我们知道，氢气是一种很清洁高效的能源，它的燃烧产物是水，对环境没有任何污染，燃烧热是同等质量汽油的3倍多。而水电解后的产物是氢气和氧气，如果我们能够利用太阳能实现水的分解，那么这个完美的循环将使人类的能源危机不复存在。纳米光催化剂则是最有希望实现这一过程的使者。

3. 臭氧，竟如此有用

臭氧（O_3）的名称来源于希腊文，意为气味难闻。可见，人类与臭氧相

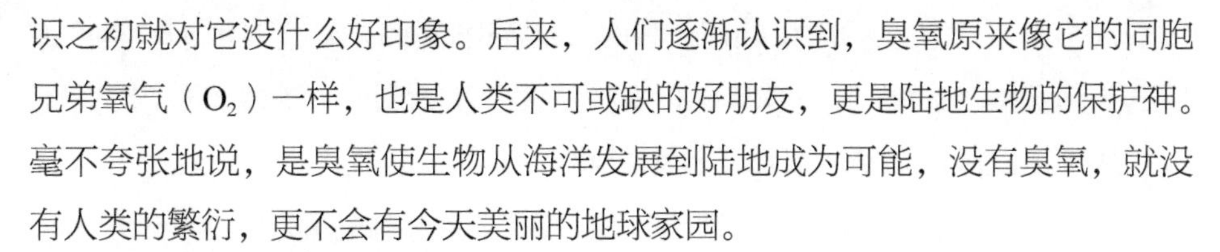

识之初就对它没什么好印象。后来，人们逐渐认识到，臭氧原来像它的同胞兄弟氧气（O_2）一样，也是人类不可或缺的好朋友，更是陆地生物的保护神。毫不夸张地说，是臭氧使生物从海洋发展到陆地成为可能，没有臭氧，就没有人类的繁衍，更不会有今天美丽的地球家园。

（1）陆地生物的保护伞

在46亿年前地球形成的初期，大气层主要由氮、氢、甲烷、氨、硫化氢等还原性气体和少量水蒸气构成。没有含氧的大气层，更没有臭氧，含有高能紫外线的阳光直达地球表面。所有生物都经受不住紫外线的杀伤，只能依靠水层的保护，深藏于海湖水面之下，很难走向陆地。

幸运的是，在地球诞生40亿年以后，由于大气中氧含量逐渐增加以及复杂的光化学反应不断发生，使得大气中臭氧浓度达到了现今的10%左右，形成了相对稳定的臭氧层。臭氧层能够吸收阳光中波长295nm以下、对人类和生物危害最大的短波紫外光（UVC），并能吸收大部分对生物有一定危害的波长280～320nm的中波紫外光（UVB），波长大于320nm的长波紫外光（UVA）则可到达地球表面。生物从此开始大规模地向陆地发展。亿万年来，臭氧浓度不断增加，依靠臭氧对紫外线吸收的不断增强，高等生物乃至人类才得以出现和发展。所以，说臭氧层是地球的保护伞一点也不过分。正是这把保护伞的存在，才有了今天的人类及今天世界上的万物，才有了地球陆地上的万紫千红。

（2）杀菌消毒的巧帮手

臭氧是天然物质中最强的氧化剂之一，氧化能力仅次于氟。与它的兄弟氧气相比，臭氧具有更强的灭菌、氧化、脱色和除味功能，这使得臭氧在人类的生产与生活中有了日益广泛的应用。

臭氧的消毒杀菌功能具有广谱性（几乎可杀灭所有病菌、病毒、霉菌及原虫、卵囊等）、高效性（扩散均匀、不留死角、速度快）、高洁净性（分解后只生成氧气，无有害残留）、方便（可实时方便地制备）、经济、环保等诸多优点。臭氧的消毒杀菌功能较氯制剂强数百倍，也更安全；而与紫外线消毒相比，耗时仅为其1/6。

1856年，在法国巴黎，人类首次应用臭氧进行医院房间消毒。1905年，已有人将臭氧用于水的净化处理。1909年，法国又率先将臭氧用于肉类冷冻厂的杀菌保鲜。1995～1997年，日本、法国、澳大利亚、美国等发达国家通过立法，正式确认臭氧可以用于食品行业。

目前，臭氧的应用已进入普通家庭。家用臭氧解毒机可方便地用于日常生活的诸多方面，如饮用水及房间空气的净化，食品、餐具及衣物的消毒灭菌，洗浴（具有保健、排毒、美容、消炎治病等功效），养鱼（可改善水质），浇花（除虫杀菌）和厕所除臭等。将瓜、果、菜、蛋、肉、鱼等置于水中，通入臭氧数十分钟，就可以祛除残存的毒物与细菌。在水果贮藏期间，使用体积浓度为2×10^{-6}～3×10^{-6}的臭氧处理，可使霉菌的生长受到抑制，贮藏期大大延长。

近年来，我国开始在温室大棚内试验用臭氧祛除病虫害。初步结果表明，除害效果好，无毒物残留，方便、高效、成本低。不仅可同时消灭多种病虫害，还可改善瓜果品质，提高产量。植物种子经含有臭氧的水溶液浸泡15～20min，可杀死种子表面的病毒、细菌、虫卵等有害物质，有利植物的健康成长。

臭氧还是污水治理的生力军。凭借其超强的氧化能力，臭氧可将农药、染料等多种有机物氧化降解为无毒的二氧化碳与水，彻底消除废水中的有害物质，且不产生新的二次污染物。臭氧在分解污染物的同时，还具有脱色、除臭、杀菌的功能。目前，臭氧氧化法已在造纸废水、印染废水、炼油废水和焦化废水的处理中得到应用。

（3）呵护健康的好大夫

臭氧除可用于环境的消毒杀菌外，还可直接治疗多种疾病，是呵护人类健康的好大夫。

臭氧的临床应用始于欧洲，如今已有上百年的历史。1902年，法国人胡日昂在巴黎医学院通过了吸入臭氧治疗百日咳的论文答辩，成为第一个研究应用臭氧治病获得博士学位的人。1936年，法国医生奥博格最早提出向直肠内吹入臭氧治疗慢性结肠炎。目前，臭氧的临床应用已非常普遍，其疗效也得到充分肯定。

在我国，臭氧在医疗中的应用始于21世纪，起步较晚。2008年，我国成立了臭氧治疗专业委员会。自2009年起，我国每年都举行一次全国臭氧临床应用研讨会，这表明臭氧治疗在我国也已成为医疗研究与应用的新热点，并发展成一种新型治疗技术。现在，全国已有一大批单位正式挂牌从事臭氧规范化治疗，并取得了良好的疗效。

臭氧主要应用于创伤及难治性溃疡的治疗、癌症的辅助治疗、腰椎间盘及骨关节疾病的治疗、抗自由基防衰老及中风等疾病的治疗，也可广泛用于各种疼痛疾病如风湿、滑膜炎、肩周炎、颈椎病、腰肌劳损等的治疗。值得注意的是，臭氧给腰椎间盘突出症的根治带来了希望。20世纪90年代，意大利首先开展了臭氧椎间盘及椎旁间隙注射术，治愈率可达70%～80%。目前，该疗法已在欧洲各国得到普遍应用。

此外，应用臭氧无创治疗技术还能够有效治疗多种妇科炎症，具有无创伤、疗效好、不伤肌体等诸多优点。在急性肝炎治疗中，臭氧有很好的退黄疸、降低转氨酶作用。臭氧还有望成为SARS病毒的克星。我国科学家的初步试验表明，使用臭氧对绿猴肾细胞接种的SARS病毒综合灭活率达99%以上。

（4）前途无量的新产业

电解法是利用直流电源电解含氧电解质产生臭氧的方法，其历史同发现臭氧一样悠久。电解法臭氧发生器具有臭氧浓度高、成分纯净、在水中溶解度高的优势，在医疗、食品加工与养殖业及家庭方面具有广阔应用前景。

电晕法是使干燥的含氧气体流过电晕放电区产生臭氧的方法，是目前世界上应用最多的臭氧制取技术。应用该技术的臭氧制备装置，能够使臭氧产量单台达500kg/h以上。

放射化学法是利用各种放射源核辐射冲击离解氧分子而生成臭氧。该法能耗较低，只有无声放电法的1/3，但投资大且不安全，因此只在某些特殊情况下应用。

臭氧技术应用遍及水处理、医疗、空气净化、家庭生活、农业、食品等各个领域，臭氧产业也是国际公认的环保型产业。目前，世界上比较有名的臭氧生产企业包括美国PCI公司、加拿大YANCO公司、美国CYClopss织物系统公司、美国蓝宝石技术公司、瑞士奥宗尼亚（Ozonia）公司、美国Ozone Solutions公司等。其中，美国PCI公司是目前世界上最大的臭氧生产企业。

我国臭氧技术的研究及应用起步晚，生产单位分散，规模小，大型臭氧产品技术比较落后，但由于小型臭氧技术产品对发生器性能要求较低、价格便宜、应用面广，因此从20世纪80年代中期开始在我国迅速发展。虽然在产品设计上仍与国外存在较大差距，臭氧发生器配套产品也不够完善，但据有关部门估计，国内臭氧行业市场容量极其庞大，可谓前途无量。

【小常识】

臭氧的另一面

大气低空对流层中也有臭氧，但其浓度要比平流层的臭氧层低得多。在未被污染的空气中，低层大气中臭氧体积浓度一般为$0.005\times10^{-6}\sim0.05\times10^{-6}$，这种浓度的臭氧是无害的。然而，当低空大气中臭氧体积浓度达到$0.1\times10^{-6}\sim0.5\times10^{-6}$时就会刺激呼吸道，引起咽喉肿痛、胸闷咳嗽、哮喘发作，并可刺激气管，引起支气管炎。臭氧浓度更高时，可能导致胸骨疼痛、肺的通透性降低和肺气肿、肺水肿，使呼吸系统疾病恶化；还会引起神经中毒，导致头晕、头痛、视力下降和记忆力衰退等疾病。接触高浓臭氧时间过长，还会损害中枢神经，导致思维紊乱。臭氧还能破坏人体免疫功能，降低人的抗病能力。比如可能诱发淋巴细胞染色体畸变，损害酶的活性，影响甲状腺功能和使骨骼早期钙化等。长期过量吸入臭氧则会影响体内细胞的新陈代谢，降低肺对细菌的抵抗力，加速人的衰老。臭氧还能够破坏人体皮肤中的维生素E，从而引起皮肤起皱，出现黑斑等皮肤疾病。

更值得注意的是，不仅工业生产会导致地面臭氧浓度升高，生活中的一些设备也会产生过多的臭氧。我们经常使用的打印机、复印机等大都是利用静电原理工作的，也可能产生臭氧和一些有机废气，长期接触则可能引起心血管疾病。

空气中臭氧体积浓度达到$0.05\times10^{-6}\sim0.15\times10^{-6}$时，会对许多植物造成伤害。烟草、菠菜、燕麦等都是对臭氧敏感的植物，在这样的空气中0.5～8小时就会出现损伤。马铃薯、大麦、菜豆、洋葱、小麦、番茄等对臭氧也十分敏感。即使在不出现症状的情况下，臭氧也会使植物的生长明显受阻。臭氧还能破坏植物吸收二氧化碳的能力，加剧温室效应。

臭氧具有很强的氧化性，除了金和铂外，臭氧化空气几乎对所有的金属都有腐蚀作用，铝、锌、铅与臭氧接触都会被强烈氧化。此外，臭氧还是光化学烟雾的元凶之一。

第6章
热点问题

第1节　科学认知PX

1. 人们缘何关注PX？

从2007年的厦门，到2011年大连、2012年宁波，再到2013年的彭州、昆明，PX这一普通的化工专业名词衍生出“一式多份”的问题，不断承载着公众的环境焦虑，给地方政府带来巨大的环保压力。在一系列公众事件之后，PX陷入舆论抨击的漩涡，成为产业发展的掣肘。

在专业人士的眼中，这一普通的化学产品，与千千万万种化学产品一样，在产品链和人们的日常生活中起着多种多样的作用，同样也具有自身的化学品特性和毒理、安全指标。对PX我们要有一个客观、科学的认知，从化学科学的专业角度，深度解读PX产品、产业链、安全性、工艺水平及风险防范、公众认知等一系列问题，帮助公众揭开PX的“神秘面纱”，从专业渠道获知相关的科学知识，既看到它在国民经济中不可或缺的作用，又看到它在生产过程中潜在的风险。

2. PX究竟是什么?

PX是英文*p*-xylene的简写，中文名为1, 4-二甲苯，别名为对二甲苯。作为一种芳烃产品，其多为炼油及乙烯装置配套，是石油化工生产中非常普通的化学品之一。PX来自石油制品，可以大规模生产，生产成本相对低廉，因此可以保证人们能够享受到物美价廉的涤纶纺织品及服装，扮美生活。

根据《全球化学品统一分类和标签制度》、《危险化学品名录》及《化学品安全说明书》介绍，PX属于低毒性化学物质，在高浓度时，被人体吸入，会对人体中枢神经有麻醉作用。但常态下，PX为无色透明状液体，不易挥发。

名称	PX（对二甲苯）	汽油
危险类别	第3类易燃液体	第3类易燃液体
短期接触影响	该物质刺激眼睛和皮肤，可能对中枢神经有影响。如果吞咽液体吸入肺中，可能引起化学肺炎	该物质刺激眼睛、皮肤和呼吸道，可能对中枢神经有影响。如果吞咽液体吸入肺中，可能引起化学肺炎
致癌性	A4（不能分类为人类致癌物）	A3（确认的动物致癌物，但未知与人类相关性）

3. PX用来做什么?

在现代生活中，PX用途很广，与我们的日常生活息息相关。PX是纺织服装的初始原料，我国是化纤大国，合成纤维生产需要大量PX。2012年全球PX产量约3400万吨，其98%左右用于生产聚酯。PX是包装制品的原料，部分聚酯用于制造饮料瓶、食用油瓶，我们日常消费的可乐、汽水、果汁，都可以用聚酯瓶包装。PX还是汽油的组成成分之一。除此之外，每年全球还有约60万吨对二甲苯用于涂料和溶剂，只是这种利用途径越来越少。PX还用于生产其他化学品，量相对较少。

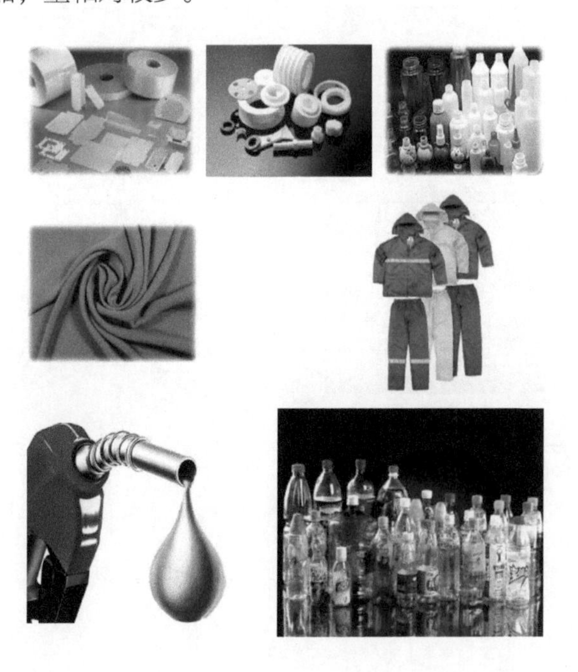

4. PX是如何生产出来的?

PX主要来自石油炼制过程的中间产品石脑油，经过催化重整或者石脑油裂解之后获得重整汽油、裂解汽油，再经过芳烃抽提工艺得到混合二甲苯，然后经吸附分离制取。目前国际上典型的PX生产工艺主要有美国UOP公司与法国IFP开发的生产工艺，国内中石化在2011年也攻克了PX的全流程工艺难关，成了主要的PX技术专利商之一。这些工艺都已攻克了安全生产和环保关，能够保证PX在安全的环境中生产。运用这些先进技术，人类在PX的生产历史上，至今为止没有发生过一件对环境、居民造成严重危害的重特大污染事故。我国从20世纪70年代引进PX生产技术以来，生产PX已有30多年的历史，直到目前，国内13家PX企业没发生过任何生产事故及严重的污染事件。

5. PX生产安全吗?

PX生产工艺界区内的大致流程可以表示如下：

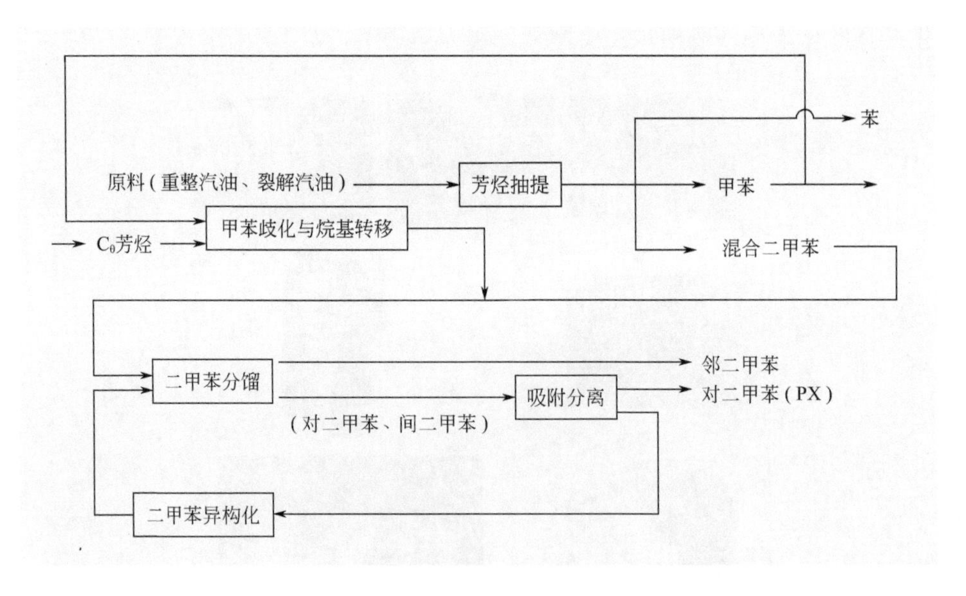

● PX生产装置是一个现代化的生产工艺系统，其物料、流程是密闭的，公众接触不到。

●世界各国PX项目在正常生产运行工况下，对所在城市空气污染影响非常小，不会对市民健康有影响。

●世界各国的PX装置均未发生过造成重大环境影响的安全事故。

6. PX生产与居民区的安全距离

日本横滨NPRC炼厂PX装置与居民区仅隔一条高速公路，新加坡裕廊岛埃克森美孚炼厂37万吨/年PX装置离新加坡本岛居民区2.6公里，美国休斯敦PX装置距城区也仅有1.2公里。事实上，我国石油化工项目卫生防护距离较国外更为严格，根据国家《石油加工业卫生防护距离》标准，PX项目卫生防护距离为800米。

7. 亚洲有多少PX项目?

（1）日本作为全球最早生产PX的国家之一，在2010年前基本完成了产能的建设及布局，但由于下游劳动密集型产业比较缺乏，其80%以上的PX产品用于出口，特别是中国，约占其出口量60%以上。“3.11”日本大地震中，位于茨城和千叶约120万吨的PX装置受影响，停车。之后装置顺利恢复生产并且负荷持续提高，当时并未因地震而产生泄漏或毒害事件，这也说明PX装置生产安全性较高。

（2）韩国PX工业是伴随其炼油工业及PTA工业成长起来的。韩国大幅扩能PX项目始于2013年。2013年1月，韩国HC石化公司在大山投产了一套年产80万吨PX装置。2014年，包括三星道达尔石化公司100万吨、SK全球化学130万吨和SK JX日本公司100万吨在内的330万吨产能投产。2015年，GSC太阳公司在丽水投产一套100万吨装置。纵观韩国的PX建设，可谓是热火朝天，行业产能在3年内将增加近1倍，即由2012年的552万吨快速增加至2015年的1062万吨。

（3）新加坡作为一个岛国，非常注重环保安全。1992年该国有了第一套PX装置，到2000年扩能至85万吨，之后长达12年产能一直没有变化。但随着中国缺口不断扩大，新加坡裕廊芳烃集团投资24亿美元新建一套80万吨的PX装置并于2014年投产。

（4）由于PX是大型炼油项目的配套项目，对原料、物流要求较高，因此中国的PX生产企业主要是分布在沿海的大型石化企业。近年来，由于下游快速发展，国内供应缺口迅速扩大。

2009～2015年我国PX产能、产量、表观消费量　单位：万吨/年

项目	2009年	2010年	2012年	2015年
产能	712	812	882	1370
产量	470	620	775	915
表观消费量	807	952	1385	2081
进口	371	353	629	1165
出口	33	21	19	12
对外依存度/%	46.0	37.1	45.4	56.0

8. 为何要上PX项目?

聚酯产业是整个化纤产业的标杆，在整个合成纤维产业中占85%以上，而在整个聚酯产业链中，PX是龙头。如果一条产业链从源头开始就高度依赖进口产品，也就意味着这条产业链上的各个环节的市场价格和利润水平都要受到国际市场行情的掌控。一旦PX大量短缺需要依赖进口来解决，国外企业极易趁机提高价格，进而造成下游各环节生产困难、甚至无法生存。在当前形势下，只有积极扩大国内PX生产能力才能保证国内聚酯产业链的安全。如果化纤原料完全依靠进口的话，是不可想象的，也许有天你穿的衣服涨价了，都是因为PX发展受阻了。

第2节　天津港爆炸中的危化品

2016年2月5日，国家安监总局网站公布了《天津港“8·12”瑞海公司危险品仓库特别重大火灾爆炸事故调查报告》(以下简称《调查报告》)。经国务院调查组调查认定，天津港“8·12”瑞海公司危险品仓库火灾爆炸事故是一起特别重大生产安全责任事故。

2014年10月，由国际化学品安全规划署、欧洲联盟委员会合编，中国化工学会、中国石化北京化工研究院组织翻译出版的《国际化学品安全卡》，介绍了近1700种化学品的理化性能、基本毒性数据、接触危害、爆炸预防、急救/消防等基础数据，为工作人员和管理人员提供了科学性、权威性、可靠性的信息。

1. 天津港爆炸事故中都有哪些危险化学品?

事故发生前，瑞海公司危险品仓库内共储存危险货物包括硝酸铵、氰化钠、硝化棉、硝化棉溶液及硝基漆片。

这些化学品在哪些领域应用？又都具有怎样的危险性？

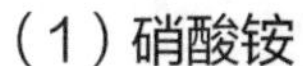

（1）硝酸铵

1659年，由德国人J. R.格劳贝尔首次制得硝酸铵。最初它既作为化学肥料大量使用，也是制造工业炸药的重要原料。在我国，2002年国务院将硝酸铵产品列入《民用爆炸物品》，禁止硝酸铵作为化肥销售。目前世界上大多数国家都已经禁止将硝酸铵作为化肥销售。

根据《危险化学品安全技术大典》记载，硝酸铵常温下稳定、不燃。遇可燃物着火时，能助长火势。与可燃的物质粉末混合能发生激烈反应而爆炸。燃烧分解时释放出有毒的氮氧化物气体。受高温或剧烈撞击会爆炸。与还原剂、有机物、易燃物如硫、磷或金属粉末等混合可形成爆炸性混合物。

（2）硝化棉

硝化棉（$C_{12}H_{16}N_4O_{18}$）又称硝酸纤维素、火药棉、硝化纤维素。为白色或微黄色棉絮状物，溶于丙酮。由于硝化棉在硝化过程中的条件不同，其含氮量也不同，溶解度互有差异，含氮量在12.5%以下的为一级易燃固体，含氮量超过12.5%者为爆炸品，性质很不稳定。危险特性：自燃点170摄氏度，闪点12.78摄氏度，爆速6300m/s（含氮13%），爆轰气体体积841L/kg（含氮13.3%）。遇火、高温、氧化剂以及大多数有机胺（对苯二甲胺等）会发生燃烧和爆炸。如温度超过40摄氏度，它能分解自燃。

硝化棉在贮运过程中，一般加入30%的水或乙醇作为湿润剂，在湿润剂存在的情况下，硝化棉是安全的。如湿润剂挥发，硝化棉干燥变质，极易引起自燃，发生火灾。

（3）氰化物

氰化物特指带有氰基（CN）的化合物，氰基含有一个碳原子和一个氮原子。人们通常所了解的氰化物是无机氰化物，常见的有氰化钾和氰化钠。根据《危险化学品安全技术大典》记载，这两种氰化物都是剧毒化学品，口服50～100mg即可引起猝死。我们在影视片中所见特工人员在衣领里隐藏，用于紧急情况下自杀的药品就是氰化物。

氰化物一般不易燃，但与酸类接触反应强烈，受高热会产生剧毒、易燃的氰化氢气体，有发生爆炸的危险。氰化物急救和消防时禁用含水灭火剂。周围环境着火时，禁止用水或二氧化碳，应使用泡沫和干粉灭火。

2. 关于天津港爆炸事故中的危险化学品，我们知道什么？

（1）危险化学品有哪些分类?

《危险化学品安全管理条例》（2016）所指危险化学品包括爆炸品、压缩气体和液化气体、易燃液体、易燃固体、自燃物品和遇湿易燃物品、氧化剂和有机过氧化物、毒害品和腐蚀品七大类。

根据《国际化学品安全卡》，联合国将危险物品分为9类，如第一类：爆炸品；第二类：气体；第三类：易燃液体；第四类：易燃固体、易于自燃的物质、遇水放出易燃气体的物质等。

（2）危险化学品爆炸是否会影响空气和海水质量?

事故发生后至9月12日之前，事故中心区检出的二氧化硫、氰化氢、硫化氢、氨气超过《工作场所有害因素职业接触限值》（GBZ2—2007）中规定的标准值1～4倍；9月12日以后，检出的特征污染物达到相关标准要求。事故中心区外检出的污染物主要包括氰化氢、硫化氢、氨气、三氯甲烷、苯、甲苯等，污染物浓度超过《大气污染物综合排放标准》（GB16297—1996）和《天津市恶臭污染物排放标准》（DB12/059—1995）等规定的标准值0.5～4倍，最远的污染物超标点出现在距爆炸中心5km处。8月25日以后，大气中的特征污染物稳定达标，9月4日以后达到事故发生前环境背景值水平。

本次事故主要对距爆炸中心周边约2.3公里范围内的水体造成污染，主要污染物为氰化物。事故现场两个爆坑内的积水严重污染；散落的化学品和爆炸产生的二次污染物随消防用水、洗消水和雨水形成的地表径流汇至地表积水区，大部分进入周边地下管网，对相关水体形成污染；爆炸溅落的化学品造成部分明渠河段和毗邻小区内积水坑存水污染。8月17日对爆坑积水的检测结果表明，呈强碱性，氰化物浓度高达421毫克/升。

第3节 碧水蓝天，雾霾治理——炼油工业在行动

1. 什么是雾霾?

雾是近地面空气中凝结的水汽；霾是指大量烟、尘等非水微粒均匀地悬浮在空气中，使水平能见度小于1km的空气普遍混浊所形成的现象，并使远处光亮物略带黄色、红色，黑暗物略带蓝色，气象学上称之为霾。

雾虽然以灰尘作为凝结核，但总体无毒无害。霾的核心物质是悬浮在空气中的细颗粒物、烟、灰尘等物质，细颗粒物（PM2.5）容易直接进入人体下呼吸道或肺叶中，因此，过量吸入会影响健康。霾的组成成分非常复杂，目前所知的主要成分为硫酸盐、硝酸盐、铵盐、含碳颗粒（包括元素碳和有机碳，元素碳主要产生于高温燃烧过程，有机碳主要来自相对低温的燃烧过程）、重金属微粒等，这些有害物质大部分都富集在细颗粒物（PM2.5）上。

雾霾是雾和霾的混合物。近期我国不少地区把雾与霾一起作为灾害性天气预警预报，统称为“雾霾天气”。

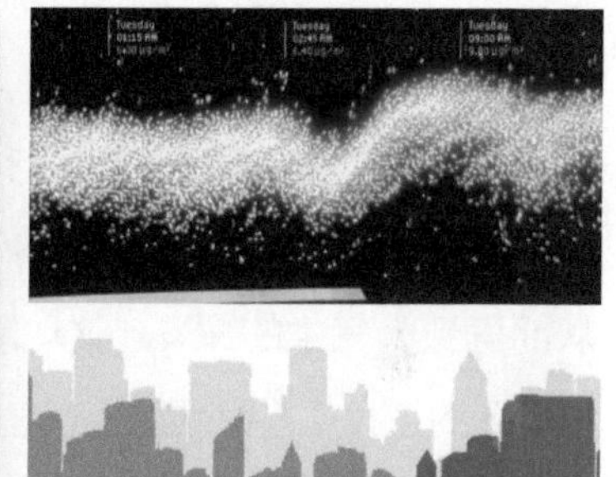

2. 雾霾是如何形成的?

雾霾常见于城市，是特定气候条件与人类活动相互作用的结果。高密度人口的经济及社会活动必然会排放大量细颗粒物（PM2.5），一旦排放超过大气循环能力和承载度，细颗粒物浓度将持续积聚，此时如果受静稳天气等影响，极易出现大范围的雾霾。雾霾的源头多种多样，比如汽车尾气、工业排放、建筑扬尘、垃圾焚烧以及餐饮油烟等，雾霾天气通常是多种污染源混合作用形成的。但各地区的雾霾天气中，不同污染源的作用程度各有差异。

城市混合型雾霾（燃煤排放+汽车尾气）PM2.5的形成以排放源一次排放的气体通过物理和光化学过程生成的二次粒子为主，直接排放的PM2.5很少。

一次排放是指燃煤与汽车等直接排放出的气态物质，主要有两类：①气态无机化合物如二氧化硫（SO_2）、氮氧化物（NO_x）、氨气（NH_3）；②挥发性有机化合物如烹饪源的油烟型有机物、汽车尾气烃类有机颗粒物、周边输送的氧化型有机颗粒物等。

二次排放主要由三种途径构成：①无机盐途径：一次排放的气态SO_2、

NO_x和NH_3经过化学反应形成硫酸盐、硝酸盐和铵盐；②有机气溶胶途径：一次排放的挥发性有机物在大量SO_2和NO_x的作用下发生反应，转化为二次有机气溶胶；③光化学烟雾途径：汽车尾气中的烃类化合物和NO_2排放入大气后，遇强烈阳光紫外线照射，原有的化学键活化，与SO_2等反应生成含氮有机颗粒物等二次细颗粒物，形成以气溶胶、臭氧为代表的光化学烟雾。

光化学烟雾主要为气态污染物，而雾霾则是大气细颗粒物，虽然两者物质形态不同，但是光化学烟雾最终生成大量的臭氧，增加了大气的氧化性，从而导致大气中的SO_2、NO_2等被氧化，并逐渐凝结成细颗粒物，从而增加了PM2.5的浓度。也就是说，光化学烟雾是雾霾的来源之一。二次有机气溶胶的比表面积较大，能够富集各种无机盐粒子、重金属元素粒子和有机污染物，形成PM2.5细颗粒污染物；同时由于霾含湿量比较高，故PM2.5细颗粒还可以附着细菌和病毒。

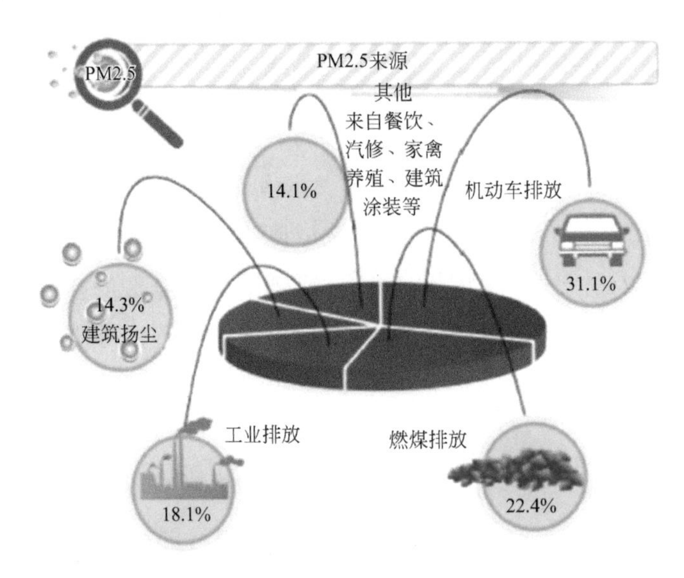

3. 雾霾是中国独有吗?

探究雾霾的前生今世，我们发现它并非中国特产，最早是出现在欧美工业发达国家。七十多年前，雾霾首次出现在美国洛杉矶。从1940年起，美

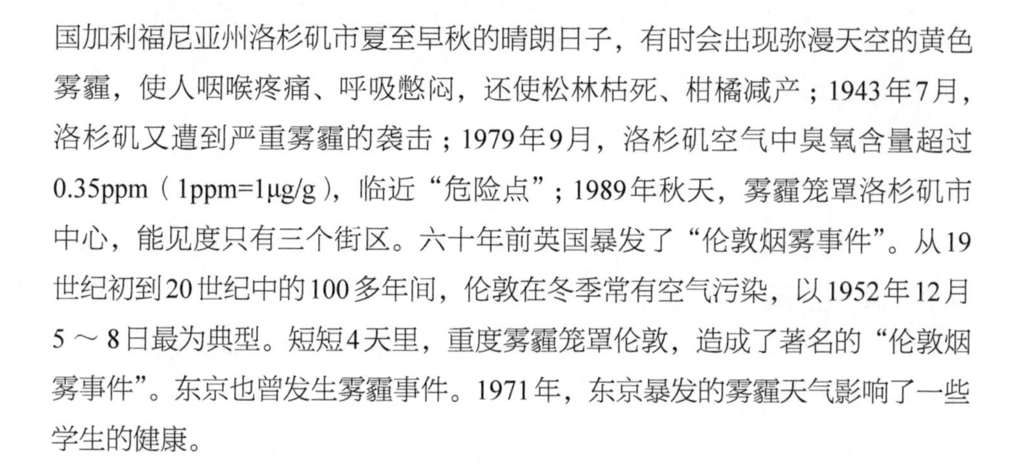
国加利福尼亚州洛杉矶市夏至早秋的晴朗日子，有时会出现弥漫天空的黄色雾霾，使人咽喉疼痛、呼吸憋闷，还使松林枯死、柑橘减产；1943年7月，洛杉矶又遭到严重雾霾的袭击；1979年9月，洛杉矶空气中臭氧含量超过0.35ppm（1ppm=1μg/g），临近“危险点”；1989年秋天，雾霾笼罩洛杉矶市中心，能见度只有三个街区。六十年前英国暴发了“伦敦烟雾事件”。从19世纪初到20世纪中的100多年间，伦敦在冬季常有空气污染，以1952年12月5～8日最为典型。短短4天里，重度雾霾笼罩伦敦，造成了著名的“伦敦烟雾事件”。东京也曾发生雾霾事件。1971年，东京暴发的雾霾天气影响了一些学生的健康。

4. 雾霾治理，炼油业如何应对?

（1）不断提升的汽车排放标准需要相应品质汽柴油的支撑

近年来，我国汽车（内燃机）排放标准不断提升，经历了几个阶段。

① 国Ⅰ与国Ⅱ排放标准：我国从2000年起实施国Ⅰ排放标准；随后实施国Ⅱ标准。

② 国Ⅲ排放标准：相当于欧洲Ⅲ号的排放标准，不同的是新车必须安装一个车载自诊断系统（OBD），同时使用达到欧Ⅲ标准的油品；如深圳规定2007年执行国Ⅲ排放法规，从2008年1月1日起，轻型汽油车需安装OBD。

③ 2013年新车上牌实施国Ⅳ排放标准：我国2013年开始新机动车上牌实施国Ⅳ排放标准，大致相当于欧Ⅳ标准。

④ 从2015年1月1日起全国范围内全面实施国Ⅳ排放标准。

汽车排放标准的不断提升呼唤相应品质汽柴油的供应。

（2）不断加速提升汽柴油品质

① 1999年起开始持续升级车用汽柴油品质

●淘汰含铅汽油：1999年北京淘汰了含铅汽油，2001年全国淘汰了含铅汽油，我国是全球淘汰含铅汽油最快的国家。

●我国用15年完成车用汽柴油国Ⅰ到国Ⅳ的升级：2000年起升级车用汽柴油品质，2015年年初已经实现全国车用汽柴油国Ⅳ标准；2016年提前实施国Ⅴ标准，同英国、日本一样，用时16年。

② 发达城市先行地标Ⅴ车用汽柴油

● 2007年北京市政府主持制定了京标Ⅳ车用汽柴油地方标准，2012年5月又制定了京标Ⅴ车用汽柴油地方标准，由北京市环保局牵头起草。其中京标Ⅴ汽柴油硫含量不超过10ppm，由燕山石化等中石化炼油企业和中石油炼油企业保障达标油品供应。

● 2013年9月上海市开始执行自主制定的沪标Ⅴ车用汽柴油标准；由上海石化、高桥石化、镇海炼化等企业保障达标油品供应。

● 2013年11月江苏省沿江八市执行自主制定的苏标Ⅴ车用汽柴油标准，达标油品主要由金陵石化、扬子石化保障供应。

（3）国Ⅵ汽油指标向世界前沿标准靠拢

我国车用汽柴油品质将进一步升级到国Ⅵ标准，国Ⅵ标准将会参照当今世界前沿的标准，其中车用汽油品质升级的重点将是进一步降低烯烃、芳烃含量；硫含量由于国Ⅴ标准已经与欧Ⅴ标准相当，已降至10ppm，很难再大幅下降。

5. 汽车排放控制，油品上的改进

国务院2015年4月28日决定：2017年1月1日起全国全面供应符合国Ⅴ标准的车用汽油（含E10乙醇汽油）、车用柴油（含B5生物柴油）；同时停止国内销售低于国Ⅴ标准的车用汽、柴油；将全国供应国Ⅴ标准车用汽、柴油的时间由原定的2018年1月1日提前了1年。

国务院2015年4月28日决定：①普通柴油升级为国Ⅳ并在东部2016年年初先用：2016年1月1日起东部重点城市供应与国Ⅳ车用柴油相同硫含量的普通柴油；②国Ⅳ普通柴油2017年全国采用：2017年7月1日起，全国全面供应国Ⅳ标准普通柴油，同时停止销售低于国Ⅳ标准的普通柴油；③2018年1月1日起，全国供应与国Ⅴ标准车用柴油相同硫含量的普通柴油，停止销售低于国Ⅴ标准普通柴油。

国务院2015年4月28日决定：①发布普柴强制性国标；②发布国Ⅴ E10和B5标准：尽快发布第五阶段车用乙醇汽油标准（E10）、车用乙醇汽油调和组分油及生物柴油调和燃料（B5）标准；③出台船用燃料油强制性国标：2015年年底发布船用燃料油强制性国家标准。

参 考 文 献

[1] 张一宾，杨国璋. 必须正确认识和对待农药. 中国化工学会农药专业委员会年会，2012.

[2] 农业部农药鉴定所，中国农学会. 走近植物生长调节剂. 北京：科学普及出版社，2015.

[3] 杨辉，杨闯，郭兴忠，杨庭贵. 建筑节能门窗及技术研究现状. 新型建筑材料，2012（9）：84-86.

[4] 王漪. 断桥铝合金门窗在建筑节能工程中的应用研究. 信息化建设，2016（1）：382-384.

[5] 耿婷婷. 浅谈新型建筑材料的发展. 太原城市职业技术学院学报，2012（5）：171-172.

[6] 燕来荣. 住房建设迎来商机　塑料建材独领风骚. 门窗，2012（6）：26-29.

[7] 沈浩. 绿色建材在华北地区住宅围护结构中的应用. 河北工业大学硕士学位论文，2014.

[8] 张丽芬. 新型建材UPVC排水塑料管的应用. 辽宁建材，2001，15（2）：19-20.

[9] 周泽均，陈春玲. UPVC塑料管与铸铁管在建筑排水工程中的对比应用. 给水排水，2005，43（6）：29-30.

[10] 刘歌. 中国外墙保温体系产品行业市场调查报告. 大连工业大学硕士论文，2013.

[11] 张泽平等. 建筑保温节能墙体的发展现状与展望. 工程力学，第24卷增刊，2007.

[12] 邵宁宁等. 基于建筑节能的墙体保温材料的发展分析. 硅酸盐通报，2016，33（6）：1403-1405.

[13] 李花婷，蔡尚脉，王清水等. 绿色轮胎用橡胶材料的研究进展. 橡胶科技. 2014，12（4）：5-9.

[14] 李天亮. 碳纤维复合材料在轨道客车上应用前景分析. 制造装备技术，2016（4）：159-161.

[15] 施军，黄卓. 复合材料在海洋船舶中的应用. 玻璃钢/复合材料（增刊），2012.

[16] 段晨，国占东. 舰船用隔热绝缘材料研究现状. 舰船科学技术. 2016，38（19）：1-6.

[17] 白佳，弓太生，金鑫. 我国鞋用胶粘剂的现状及发展趋势. 中国皮革，2012（14）：103-105.